U0252893

张伟宏 姚巍 张军 娄霓 黄淑英 著

工业化智造

建筑产业现代化必由之路

清华大学出版社

北京

图书在版编目（CIP）数据

工业化智造：建筑产业现代化必由之路/张伟宏等著. —北京：清华大学出版社，2022.3
ISBN 978-7-302-59008-8

Ⅰ．①工…　　Ⅱ．①张…　　Ⅲ．①建筑工业化—研究　　Ⅳ．①TU

中国版本图书馆 CIP 数据核字(2021)第 176424 号

责任编辑：纪海虹
封面设计：常雪影
责任校对：王荣静
责任印制：丛怀宇

出版发行：清华大学出版社
　　　　　网　　　址：http://www.tup.com.cn，http://www.wqbook.com
　　　　　地　　　址：北京清华大学学研大厦 A 座　　　　邮　　编：100084
　　　　　社 总 机：010-83470000　　　　　　　　邮　　购：010-83470410
　　　　　投稿与读者服务：010-62776969，c-service@tup.tsinghua.edu.cn
　　　　　质量反馈：010-62772015，zhiliang@tup.tsinghua.edu.cn
印 装 者：三河市东方印刷有限公司
经　　销：全国新华书店
开　　本：170mm×240mm　　　**印　张**：15.5　　　**字　数**：265 千字
版　　次：2022 年 3 月第 1 版　　　　　　　　　　**印　次**：2022 年 3 月第 1 次印刷
定　　价：88.00 元

产品编号：091525-01

作 者 介 绍

张伟宏：利勃海尔机械（徐州）有限公司中国区总经理、住建部中欧装配式建筑技术融合研究课题专家组成员、C-Syspro 中国高品质联盟副理事长

长期研究装配式建筑设备，积极组织开展中欧装配式技术的交流。在沈阳万融引进国内第一条欧洲高自动化 PC 生产线的过程中全程组织与欧洲的技术与装备企业的交流。张伟宏先生致力于推动中欧建筑工业化交流以及打造中欧建筑工业化合作的交流平台，2016 年引进了欧洲建筑工业化技术领域最负盛名的"Engineering days 技术论坛"，并在中国成功举办了首届"中欧建筑工业化论坛"。2017 年作为专家组成员参加了住建部"中欧装配式建筑技术融合及转移机制"的课题研究。

姚巍：中欧云建科技发展有限公司总经理、中欧建筑工业化论坛组委会秘书长、C-Syspro 中国高品质联盟副秘书长、住建部"中欧装配式建筑技术融合及转移机制"课题组成员

一直从事绿色建筑、建筑工业化领域的技术研究实践工作，主要参编了《装配式建筑施工工艺规程》《绿色建筑认证标准》《装配式建筑质量管理规范》等多部行业、协会标准，作为专家组成员参加了住建部"中欧装配式建筑技术融合及转移机制"的课题研究工作，同时作为专利发明人参与了包括新型混凝土装配式建筑快速螺栓干法连接技术以及半预制生产及装配连接技术在内的 20 余项专利的发明工作，积累了装配式建筑、绿色建筑等领域的丰富经验。

张军：徐州利勃海尔混凝土机械有限公司特殊项目经理

参与住建部"中欧混凝土装配式建筑技术转移机制和实施路径研究"课题；广东省"珠江人才计划"引进创新创业团队项目"污泥低成本原位无害化处理和建材资源化利用的技术研发及产业化"王浩院士项目团队核心成员之一。自 1998 年以来一直从事、混凝土预制技术以及相关的混凝土搅拌和振动成型技术的相关生产设备的研发。参与 CECS《装配式建筑企业质量管理标准》的编制工作，以及《预拌混凝土生产企业废水回收利用规范》的起草工作。

娄霓：中国建筑设计研究院国家住宅与居住环境工程技术研究中心主任，国住人居工程顾问有限公司执行董事、总经理，建筑环境优化设计与评测北京市重点实验室主任，住建部"中欧装配式建筑技术融合及转移机制研究"课题组成员

长期从事新型建筑体系和产业化新技术的研发、创新、转化与推广工作。借鉴国际先进的工业化建造理念和制造技术，组织研发形成本土化的装配式模块建筑体系及其设计、建造、施工、验收等全流程成套建造技术。主持完成国内首个高层装配式模块建筑项目的技术研发与工程落地，成果获得住建部"模块建筑体系应用技术研究"项目的支持。已建成示范项目超过 20 万平方米，其中包括雄安市民服务中心企业临时办公区。通过示范工程的落地，实现成套技术的实践与优化，同时也探索出既符合中国国情又具有创新的装配式模块建筑监管与验收流程，推广工业化生产模式在住房建设中的运用。主持国家"十二五"科技支撑计划"新型装配式围护结构和内装修技术研究与示范"、北京市科技计划"住宅装配式内装标准化研究及产品开发应用"，并主持制定协会标准《箱式钢结构集成建筑技术规程》T/CECS 641、地方标准《住宅全装修设计标准》DB11/T 1197—2015 等。

黄淑英：毕业于清华大学法律专业

参与装配式建筑项目数十个，工程类型涵盖住宅、公建、市政、公路、铁路、地铁等，同时参与装配式建筑各类标准及技术体系的研发项目，发表专业论文十余篇。基于对建筑领域法律专业的基本认识和研究，主导了建筑工业化全产业链法律合约类课题项目。

序　　一

　　第二次世界大战结束至今,农业、工业、零售业等行业的劳动生产率都有成百上千倍的提高,唯独建筑业的劳动生产效率仅仅提高了6%,从这一角度来讲,建筑业的工业化发展还任重道远。

　　随着党中央国务院把大力发展建筑工业化作为建筑业转型升级的基本国策,装配式建筑技术在中国进入了发展的快车道,但在发展过程中,如何找到适合中国国情的路径,需要认真探索,也需要梳理、总结、借鉴其他发达国家和区域发展过程中的成功经验和失败教训,找到适合中国发展的技术和发展路径。

　　本书通过前两个部分对中国、美国、日本以及欧洲的建筑工业化发展做了详细的梳理,也就不同国家及地区的发展特点进行了总结,同时参考林毅夫教授的新结构经济学理论,通过比较经济学理论分析框架,从发达国家,尤其是欧洲在相应阶段技术领域遇到困难的相似性出发,找到中国目前与欧洲建筑工业化发展的共性,详细分析了欧洲在20世纪八九十年代从追求数量走向追求质量、从人工生产走向自动化生产阶段的技术困境和解决方法,最终研究中国可以借鉴的技术内容及具体落地的方法。

　　本书最为精彩的第三部分对建筑工业化未来发展的趋势作了展望与分析,涵盖了共生生态的企业组织形式、以低成本实现"梦想屋"个性化产品的建筑产业互联网构架和商业模式、以数据信息化为基础的智能制造技术,以及资源循环利用的可持续发展理念;同时也向读者们展示了大量的新技术和新材料的可能性。

　　我想用六个字来表达我对本书感受:详尽、客观、新颖。

　　详尽,在于针对建筑工业化相关的技术体系研究、发展过程研究都梳理得全面、深入,呈现出建筑工业化的过去、今生和未来。

　　客观,在于针对建筑工业化发展过程中的问题,不掩盖;对于取得的成就,不夸大;将建筑工业化的真实状况分享出来了。

新颖,在于应用本土新经济学和管理学的理论框架来论述建筑工业化的发展趋势,这是一个跨学科和专业领域的大胆创新和尝试,让人耳目一新,引发思考。

王浩院士

2020 年 9 月 18 日

序二　推进装配式建筑前沿技术上新水平

姚　兵

受到邀请为本书作序,作为一个老的建筑业从业者,行业内普及性及专业性书籍阅过不胜繁多,但阅读本书后,有种耳目一新的感觉!

本书以互联网思维结合新结构经济学原理,以梁思成教授在新中国建立初期提出的理念为切入点,充分调研分析了欧洲、美国、日本等发达国家和地区以及我国在装配式建筑方面发展的情况,以使国内装配式建筑发展得到更多的借鉴与启示,这是一种很好的创新。

本书中提到的互联网思维,我认为互联网思维就是用互联网去融合实体产业,在(移动)互联网＋、大数据、云计算等科技不断发展的背景下,对市场、用户、产品、企业价值链和产品供应链乃至对整个商业生态进行重新审视的思考方式。互联网为每个人、每个企业都提供了机会,这是一个开放的平台,可以把无数的客户、代理商、供应商、贸易商连接起来,把中国与世界联系起来。在这一方面发挥专家团队作用是至关重要的。物联网思维(物联网的核心架构是智能化),就是面向实体世界的,"以感知互动为目的,以团队属性、社会属性为核心的感知互动系统"。

我认为互联网＋机械是途径和方式,智能制造是最终目的。

从工业发展进程可以看到:

- 工业 1.0 是机械化。
- 工业 2.0 是电气化。
- 工业 3.0 是自动化。
- 工业 4.0 是数字化、网络化、智能化。

从国际上看,智能制造是全世界的工业信息化发展的目标,比如:德国的工业4.0、美国的工业互联网和我国的工业 2025! 我的这一观点,在本书有很好的阐述!

2020 年,一场肆虐全球的传染病对中国与整个世界格局的变动产生了巨大的推力,这次变局正在加速促进新的世界格局变化,与此同时,我国的"新基建"正在助力产业升级,无论是疫情还是新基建都为建筑业发展带来了新的思考和启示。

本次疫情防控期间火神山、雷神山等"小汤山"医院建设中所体现的"中国速度",就是建筑业高质量发展交出的完美答卷。今后,建筑业要更加坚定地走创新之路、信息化之路、产品高质量之路、装配化之路,以推动建筑业的进一步高质量发展。

自从 2018 年 12 月基础设施建设以来,新型基础设施建设(以下简称"新基建")已经逐步成为社会热点,尤其在疫情的影响下,"新基建"被视为是对冲备受疫情影响的经济、推动产业转型升级和发力于数字经济的重要支撑手段,而广受关注。"新基建"指发力于科技端的基础设施建设,主要包含 5G 基建、特高压、城际高速铁路和城际轨道交通、新能源汽车充电桩、大数据中心、人工智能、工业互联网等七大领域。其中,5G 基建、大数据中心、人工智能、工业互联网等领域正是数字经济需要的重点发展领域。

比起传统基建,"新基建"的技术性、专业性以及市场不确定性相对较强,需要更加有效地发挥各方合力、集聚创新智慧。这就要求我们打破过去基础设施投资中的体制机制障碍,发挥好政府性投资的作用,引导和鼓励有意愿有实力的企业特别是民营企业参与进来,让新型基础设施领域投资形成可持续发展的良性模式。

"新基建"要求多学科融合,尤其是与信息科学和数据分析相结合。因此"新基建"需要的新技术包括:BIM 正向设计、基于 BIM 的项目管理技术、装配式建筑技术、数字孪生技术、集成管理技术、IPD 集成项目交付技术和基于投资管控的全咨技术等。

"新基建"助力建筑行业信息化转型升级,实现节能减排,降本增效迫在眉睫。落后的生产方式、粗放式的管理水平已经远远不能满足建筑业日益发展的需求。BIM 技术在规划、设计、施工、运维全产业链创新应用中起到了引领作用,进而推动了 BIM 技术、大数据、云计算、物联网、移动互联网等数字技术与中国建筑业的融合与创新发展;而 BIM 技术与装配式建筑的完美结合则更是为建筑产业转型、行业重塑、创新发展新模式带来无限机遇。在数字化时代,数字经济将成为拉动经济增长的重要引擎,建筑业要摆脱高污染、高能耗、低效率、低品质的传统粗放发展模式,向绿色化、工业化、智能化方向发展,自下而上依托 BIM、物联网、云计算等数字技术,打造数字建造创新平台,打通数字空间与物理空间,提升工程建设主业的数字化水平,必须依靠数字技术推动企业转型升级。

可以预判,以信息基础设施为代表的"新基建",不仅会降低成本、提升效率、创新商业模式,还将拉动新材料、新器件、新工艺和新技术的研发应用,促进制造业技术改造和设备更新,促进数字建筑业、智能建筑业创新发展,为建筑业新技术的发展、新产业、新模式和新业态的形成提供必要支撑,而这些内容都是可以以装配式建筑发展为基础的,可以说中国装配式建筑的发展路径,通过"新基建"的需求,可以非常好地诠释出来。

政革实、产业新、"双创热",新时代、新境界、新征程、新作为,作为支柱产业的建筑业处于重要的战略发展期,一定会在中国特色社会主义道路的决胜中大有作为。弘扬新时代的企业家精神、领跑行业的创新精神、追求卓越的品牌精神和精益求精的匠人精神,推进装配式建筑前沿技术上新水平,推进新型建筑工业化是我这代建筑人的殷切期望。提高设计、施工技术和管理人员对新时代下装配式建筑设计、施工水平和应用能力,满足发展绿色化建筑的需要,进一步提升装配式建筑的信息化水平,推动信息技术在装配式建筑上的应用水平。加强智慧建造与智慧工地的学习交流,探讨"互联网+"对建筑业全产业链带来的变革,实现工地精细化管理。开展新型建筑绿色化与智慧化建设技术培训交流,使装配式建筑在生态城市、海绵城市、智慧城市以及特色小镇、美丽乡村建设中作出伟大时代的伟大贡献!

本书能够将这些观点很好地融合起来,对现状进行了分析说明,对问题提出了解决方法,对未来指明了发展方向,对前景绘出了深度蓝图! 再论"从拖泥带水到干净利索",使得梁思成先生的理念在适应当代社会环境、产业发展的基础上再现荣光,是我这样一位在建筑行业内深耕多年的老建筑人期望看到的! 特向广大读者推荐,共同对建筑业高质量发展,转型升级提供助力!

序　三

　　本书原题目为《再论"从拖泥带水到干净利索"》,作者期望能够承继 1962 年 9 月 9 日梁思成教授在《人民日报》头版发表的文章《从拖泥带水到干净利索》的主旨,追随前贤脚步,继往开来,勇气可嘉。

　　梁教授在建国总方针里曾提出建筑要实现三化:标准化、工业化、多样化,在当时仅仅实现标准化的大板时代,这一理念是非常超前的。在本书中,作者继承和提出我国目前建筑工业化需要实现"新三化",即:模块标准化、自动工业化、个性多样化,符合时代发展的合理性,这与 2014 年我提出的"三个一体化"装配式建筑发展方向是契合的。"三个一体化",一是建筑、结构、机电、装修一体化,二是设计、加工、装配一体化,三是技术、管理、市场一体化。

　　书中提倡的"新三化"与住建部 2020 年 7 月 3 日联合 13 部委发布的《住房和城乡建设部等部门关于推动智能建造与建筑工业化协同发展的指导意见》(建市〔2020〕60 号)及住建部等 9 部委在 2020 年 8 月 28 日发布的《住房和城乡建设部等部门关于加快新型建筑工业化发展的若干意见》(建标规〔2020〕8 号文件)中新型建筑工业化的精神契合。

　　对如何实现新三化的目标,书中进行了详细深入的研究,对国内外的建筑工业化的发展历程进行了纵向的梳理和横向的比较。以林毅夫教授的新结构经济学为理论分析框架,总结为什么目前中国建筑工业化的发展应该仔细研究欧洲在 20 世纪八九十年代从数量到质量,从手工生产到自动生产所产生的问题和技术解决路径,能够通过经济学理论的方式来论证和分析装配式建筑行业发展的趋势,是一种创新,也是以尊重经济发展规律的市场化经济为基础进行的分析,值得业界同仁共同研究和探讨。

　　对未来建筑工业化如何发展,书中的第三部分进行了分析和建议,从共生商业模式(借用陈春花教授未来组织共生的四重境界理论框架和欧洲高品质联盟的发展路径）、智能制造软硬件的发展趋势和目标、个性多样化的"梦想屋"实现路径、建筑产业互联网的框架及商业模式,到未来可持续新建材和新技术在装配式建筑领域的应用等多个方面进行了展望,很多观点和理念给人耳目一新的感觉。

　　本书对世界建筑工业化发展不同技术类型路径进行了研究梳理,分析并预判了未来中国建筑业的工业化发展方向,并且结合理论与实践提出了中国建筑工业化发展中存在的问题以及切实有效的解决方法,推荐大家阅读。

2020 年 9 月 18 日

叶浩文

序四 合作共创美好未来

亲爱的读者：

非常荣幸给大家推荐这本书。

目前，全球都聚焦如何减缓气候变化及其带给建筑效率和灵活度方面的影响，这将推动建筑在设计、施工、运营等方方面面的变革。

混凝土建筑是中国最常见的建筑之一，其在提供坚固性、舒适感的同时，也带来现浇产生的种种质量问题。建筑工业化通常可以实现建筑的精度和质量，并最终提高资源使用效率。全球建筑工业化，尤其是在发达国家的实践成果已经证明建筑建造过程中可以节约材料，减少浪费，减少水泥使用并减少二氧化碳排放。建筑工业化还能够减少施工时间和对建筑工地环境的影响，因而受到高人工成本地区的欢迎，这个领域的成功发展也符合中国 30/60 双碳目标及"十四五"规划的 2030 年新建建筑 30％建筑工业化占比目标。

本书最有意思的部分是哪些呢？

本书详细对比了世界主要发达地区建筑工业化的发展历史及中国可以借鉴的成功因素，其中非常仔细地研究了欧洲建筑工业化的成功经验、技术发展路径和早期发展缓慢的种种教训，并详尽研讨了中国可以借鉴学习的部分技术细节及可行的路径。

很有趣的是，本书第三部分描绘了建筑工业化在中国高自动化智能制造背景下的未来，包括可能实现的商业模式、技术实现路径及最终实现可负担成本的个性化建筑的工业化智造之路，尽管目前这些建筑还只是富裕人士的奢侈品。

DGNB 是欧洲最大的、独立的建筑全生命周期可持续发展平台，为建筑业提供设计施工运营过程中最新关键性细节，DGNB 认证在中国的设计院和开发商进行的一些具有引领意义的项目上也有应用。

我们非常高兴地看到本书在中欧经验交流方面的创意，我们相信本书会为未来的跨国合作提供新的思路。

只有合作才能实现我们人类的共同理想：任何人任何地方都能提供可持续建筑。

Mr. Jahannes Kreissig

DGNB German Building Sustainable Council.

前　　言

我国建筑工业化起步很早,建国过渡时期总路线中,已有建筑大师梁思成先生提出建筑的三化:标准化、工业化、多样化。这个观念起点很高,在今天看来也非常具有前瞻性。但由于种种原因,三化基本上只完成了千篇一律的标准化。

1962年9月9日,梁思成先生在《人民日报》发表了《从拖泥带水到干净利索》一文,提到"要大量、高速地建造就必须利用机械施工;要机械施工就必须使建造装配化;要建造装配化就必须将构件在工厂预制;要预制就必须使构件的类型、规格尽可能少,并且要规格统一,趋向标准化。因此标准化就成了大规模、高速度建造的前提",并畅想,"在将来大规模建设中尽可能早日实现建筑工业化。那时候,我们的建筑工作就不要再拖泥带水了"。

而今,随着建筑产业现代化目标的实践推进,一代建筑大师的畅想正逐步成为现实,世界范围内大量的探索与尝试提供了不同的发展道路与经验的积累和借鉴。本书试图将中国建筑工业化的历史进程及政策导向,放在全球建筑工业化发展历程中做一个综合的对比,采用比较经济学原理分析市场要素禀赋及技术发展要素的变化,并借鉴全球尤其是欧洲建筑工业化发展的成功经验以及教训,充分探讨未来中国建筑产业现代化发展的具体路径,最终预测在新时代5G及人工智能技术普及的浪潮下,工业化建筑领域未来新技术、新经济模式的发展方向及技术成果展望;并试图为中国未来建筑的产业化发展创造实际的价值,最终通过"模块标准化、机械工业化、个性多样化"的新三化来实现梁思成先生1962年的梦想。

本书第一部分主要梳理建筑产业现代化、中国建筑工业化、装配式建筑的发展历程,从而发现具有中国特色的装配式建筑就是中国的建筑工业化,而中国的建筑产业现代化则要通过实施建筑的工业化、信息化进程而最终实现。

本书第二部分分析研究欧、美、日本、新加坡等发达国家和地区较为成熟的建筑工业化发展特点,并针对性地对欧洲和中国的不同发展阶段做了对标分析,采用比较经济学原理及要素市场的禀赋变化,分析中国建筑工业化实现成功换道超车的可能性以及关键成功要素,即政府推动、企业的一体化设计导向、建筑产品工业化思维、高质量高效率低成本生产及人才培养模式等。

本书在第六章"中国发展建筑工业化关键要素"中引入多位行业内及相关领域专家对中国建筑工业化现阶段情况所做的全面探讨并提出了中肯建议:

- 第一节和第二节主要由中建协认证中心王海山先生提供。王先生多年从事建筑业质量管理认证工作,他作为北京大学金融管理博士,协助林毅夫教授进行比较经济研究,从理论和实践结合的角度探讨市场和政府在建筑工业化发展中的关系,并为中国建筑工业化高品质发展,实现换道超车提供理论依据;

- 第三节由中国建筑设计院人居建筑有限公司娄霓女士提供。娄女士长期从事建筑设计,参与众多知名的国家工程,并有丰富的国际间合作设计经验,从建筑设计师的角度梳理诠释装配式建筑为什么需要工业化思维,什么是建筑的工业化思维,为什么建筑设计要以完整的工业化产品思路而不是项目思路引领建筑工业化。

本书第三部分针对更长远的未来装配式建筑技术发展和组织模式做了一些探讨。未来 5G、VR/AR/MR、物联网技术的广泛应用,必然带来建筑领域行业技术及商业模式的变革,因此本部分试图从宏观的角度诠释建筑业的未来发展趋势,即从目前工业革命中心化零和竞争思维模式转向产业互联网去中心化的合作共赢思维的大趋势。

在这个大趋势下,针对建筑业可能发生的深远影响做了某些大胆的探讨,最后邀请一些行业内专家,以建筑未来挑战为出发点,以解决人类可持续发展问题为核心,做了一些技术方向的探讨与预测。

第七章邀请了欧洲 Syspro 建筑工业化高品质联盟的 Kahmer 博士,与他一起探讨合作共赢的协会平台模式对中国建筑工业化的成功可能存在的影响。Kahmer 博士组建的欧洲 Syspro 是欧洲后建筑工业化智能制造时代的创新组织形态,内部成员组织形式灵活,成员间以实际问题为纽带,以顾客主义为中心,灵活合作,以联盟整体发展、扩大市场份额为目标,最终实现无"我"领导的最高市场生态境界,值得中国未来发展复杂业态时借鉴。

第八章工业化智能制造部分引入武汉旭裕建筑科技有限公司李营先生及 RIB/SAA 合伙董事 Hanser 博士的观点。李先生长期从事建筑工业化智能制造的实践工作,并结合房地产公司的理想,对未来智能制造发展方向做了深入分析和预测;

Hanser 博士长期从事建筑智能制造领域的软件开发及研究,对软件开发进行介绍。

　　第九章邀请了清华大学国家信息中心范玉顺教授进行指导。范教授作为中国智能制造百人会专家委员会主任,从宏观上探讨未来建筑产业互联网的定义、组成、实现的路径以及建筑产业互联网可能为装配式建筑产业带来的商业模式变化。本章还邀请了智利/英国互联网众创设计公司 Fab Lab Santiago 及 Cinnda.org 创始人 Andrés Briceño-Gutiérrez 先生发表了他的独到见解。

　　第十章的主题是未来建筑技术创新的发展方向,与斯图加特大学建筑自动化工程系 Woerner 博士合作,探讨人类未来的挑战及建筑业未来开发应用新技术的方向,同时邀请 RIB/SAA 的合伙董事 Hanser 博士对未来技术进行了预测。

目　　录

绪　论

我们为什么要发展建筑工业化？

一、引述

2019 年 8 月开始着手编写本书的时候，搜索"建筑工业化"，共出现了 756 万个条目，说明这是一个热度很高的词。这种热度是由中共中央、国务院在 2016 年 9 月用 62 号文的形式确立和引发的。根据此文件的要求，2030 年前采用工业化建筑方式建造的装配式建筑比例要占新建建筑的 30%，建筑工业化成为中国建筑产业发展过程中公认的未来趋势。

以下一些数据可以说明当前建筑工业化的热度：

2018 年中国装配式建筑新开工面积约 2.9 亿 m^2，占新建筑比例的 11%。其中装配式混凝土建筑约 1.9 亿 m^2，占比约 65%。2019 年全国新开工装配式建筑约 4.2 亿 m^2，较 2018 年增长 45%，占新建建筑面积的比例约为 13.4%。

2018 年我国预制混凝土工厂数量呈爆发式增长，全年新增 PC 工厂 200 家左右。

落地速度最快的为华东区。其中，2018 年，上海开工装配式建筑面积超 2000 万 m^2，占新开工面积比重达 74%；浙江省新开工装配式建筑 5692 万 m^2，占全市新开工建筑面积达 44%；江苏省新开工装配式建筑面积超 2000 万 m^2，占全省新开工面积比重达 15%。

根据中性预测，受益于国家政策推动，2018 年我国装配式建筑新开工面积同比增长 81%（占新开工面积 13%），预计 2019—2021 年国内新开工房屋面积分别为 20.1 亿 m^2、19.5 亿 m^2、19.1 亿 m^2，假设装配式建筑占比分别为 17.5%、20.5%、23%，则对应装配式建筑新开工面积分别为 3.5 亿 m^2、4.0 亿 m^2 和 4.4 亿 m^2，按每平方米造价 2300 元计算，2019—2021 年我国装配式建筑市场规模分别可达 8000 亿元、9200 亿元和 10000 亿元（建筑整体建安工程造价，含非装配式建筑部分），故

2021 年装配式建筑将是一个超万亿的产业。[①]

目前装配式建筑的实际情况是什么？

最核心的问题是价格高，成本高，市场直接接受的程度非常低，行业需要国家政策和补贴艰难前行。

这个问题是如何产生的呢？先简要分析一下，以主流的混凝土 PC 装配式建筑和传统建筑成本的增量和减量进行对比。

（一）成本增量

- PC 构件制作、运输与吊装产生增量成本；
- 增加 PC 墙板和楼板的接缝处理及外墙防水缝处理；
- 预制构件代替砌体工程，目前混凝土含量和含钢量略有提高；
- 工厂 PC 构件需要缴纳增值税，项目施工还要缴纳税金，造成成本增加。

（二）成本的减量部分

- 外墙保温通过构件预制一体化实现，不需单独考虑；
- 梁模板取消，墙柱模板大量减少；
- 外脚手架取消；
- 内外墙面抹灰和天棚抹灰工程取消；
- 施工现场用工大量减少；
- 材料损耗与浪费大幅度减少；
- 因施工周期的缩短带来资金成本、管理成本、人工成本及设备租赁成本的减少。

与传统建筑施工方法相比，目前装配式建筑增量成本还不足以通过减量成本来弥补。一些工程实例表明，装配式建筑根据预制率的不同，比现浇建筑的成本增量 $200\sim400$ 元/m^2 不等。各级政府大力发展装配式建筑的配套政策和实施细则中的鼓励政策及财政补贴，也能从侧面印证装配式建筑成本高的现状。

简单总结一下，现状是两高两低：国家政策高度高，企业进入热情高，市场接受度低，技术体系成熟度低。那么，我们为什么还要发展建筑工业化呢？

二、我们为什么要发展建筑工业化

2018 年，全国建筑业企业年末从业人员 5563 万人，是新中国成立初期的 278

[①] 中道泰和：《中国装配式建筑行业发展分析及发展战略研究报告》，2021 年 1 月。

倍,是 1980 年的 8.6 倍,1981—2018 年年均增长率为 5.8%;建筑业年末从业人员占全部就业人员的比重为 7.2%,比 1980 年提高 5.6 个百分点。[①] 可见,建筑业已成为我国举足轻重的产业。然而繁荣的背后却存在着以下问题:

(一)劳动力短缺,劳动成本上升

众所周知,我国传统的建筑业属于劳动密集型产业,吸纳了大量的农村劳动力,成为仅次于制造业的吸纳农民工行业,农民工在建筑业一线作业人员中数量占到95% 以上。然而近年来,我国农村劳动力供需矛盾日益明显,自 2004 年"民工荒"问题产生以来,影响面逐年扩大,已经蔓延到全国,且有日益严重的趋势。

由于我国近年人口增长率的下降与人口老龄化现象的日益严重,我国劳动年龄人口的增速已经明显放缓,农村可转移输出的剩余劳动力数量逐年下降。因此,建筑业不可避免地遭遇招工难,尤其是出现以缺乏技术工人为主要特征的"结构性短缺"。同时,80、90 甚至 00 后已经成为建筑工人的主要来源,其择业观念与 60、70 后有很大不同。新的一代在择业时,除考虑工资待遇外,社会地位等也越来越多地成为重要的选择因素,而建筑业作为传统行业,以体力劳动为主的职业特性,导致其吸引力正在不断下降。另外,物流、中介、餐饮、文化娱乐等城市新兴服务业也吸引了原本可能从事建筑业的年轻劳动力。根据 2013 年"农民工"监测调查报告数据,"60后""70 后"从事建筑业比率为 29.5%,而 80 年以后出生者从事建筑业的比率仅为14.5%,几乎相差一倍。当前,我国建筑工地上从事手工操作的从业人员几乎都是70 后,照这个趋势下去,到 2030—2040 年,建筑工地将无人可用。所以,使用更集约型的工业化方式制造生产建筑,已经是一个必然的趋势。通过简单比较,如我国能够达到目前德国建筑生产人均年 140 平方米的水平,则仅需一千多万的从业人员就能完成目前 20 亿平方米的年度新建建筑量,从而大大缓解人口老龄化带来的用工压力。

(二)环境自身压力及国家环保要求越来越严

经过 30 多年的经济高速增长,我国环境面临空前压力,空气、水、土壤等污染问题日趋严峻,各项环保政策法规日趋严格。

传统建筑业是污染大户,会造成噪声、废水、废气、粉尘、废弃物、光和有毒物质等污染,其中建筑垃圾、建筑扬尘和建筑噪音是城市环境污染的重要来源,也是目前国家严格控制的污染源。

[①] 曹珊:《"新基建"背景下,建筑行业如何实现高质量发展?》,载《中国勘察设计》,2021(1)。

2017 年 5 月 4 日,住房和城乡建设部发布了《建筑业发展"十三五"规划》,提出建筑业未来 5 年的总体发展目标,其中到 2020 年,绿色建筑占新建建筑比重将从 2012 年的 2% 提升至 50%,新开工全装修成品住宅面积达到 30%,绿色建材应用比例达到 40%,装配式建筑面积达到 15%。这些都要求传统建筑企业走建筑工业化之路。跟传统施工相比,建筑工业化工厂生产的建造方式,可大大减少噪声和扬尘,减少浪费,提高建筑垃圾回收率。

同时,建筑业在全球温室气体排放中的占比巨大,达全球年碳排放的 35%,其中一半左右是由于新建筑的原材料输入,另外一半则是建筑使用过程中的能源消耗产生的,而碳排放引起的气候变化已成为人类生存的一个巨大挑战。2018 年,中国水泥生产排放二氧化碳 7 亿吨,其中超过一半的水泥用于建筑,如果通过集约化工业化方式生产建筑,例如通过最简单的预制技术,使用干硬性混凝土,一平方米装配式建筑可减少 5 公斤水泥使用,30% 的新建装配式建筑一年便能减排 100 多万吨二氧化碳,再通过提高制造精度、合理计划来减少工程浪费,并进一步使用工业废弃物等替代品,都能够大量节约资源,减少碳排放。

(三)能源压力和资源节约的迫切需要

我国是一个资源匮乏的国家,资源储量与世界人均拥有量有较大差距,其中人均煤炭储量仅为世界人均储量的 50%,原油为 12%,天然气为 6%,水资源为 25%,森林资源为 16.7%。而众所周知,建筑业的资源消耗特别严重。据统计,我国建筑业用水占淡水供应量的 17%,建筑的建造和使用过程用水占城市用水的 47%;城市建成区用地的 30% 用于住宅建设。

此外,建筑业不仅资源消耗严重,能源消耗也很大。建筑耗能已与工业耗能、交通耗能并列为我国的三大"耗能大户"。随着建筑舒适度要求的进一步提高,建筑业能耗将日益严重,给社会、能源和环境带来巨大压力。据统计,建筑直接能耗已从 20 世纪 70 年代末的 10%,上升到近年的 30% 左右。我国每年城乡新建房屋建筑面积近 20 亿平方米,其中 95% 以上为高耗能建筑。2015 年中国建筑能源消费总量为 8.57 亿吨标准煤,占全国能源消耗总量 20%,单位建筑面积耗能是发达国家的 2~3 倍。

近 30 年的快速发展中,建筑使用了大量的砂石料、钢材、水泥及装饰装修材料,造成资源的日益短缺。对水、电、煤炭的高消耗,使得水资源严重不足,大部分地区供水极度紧张,石油对外依存度大幅提高。

当前,国家已经意识到上述问题,并希望通过可持续的绿色建筑工业化着手解决。在建筑工业化推进过程中,可使用节水型卫生洁具和节水技术,节约水资源;可选择符合区域地理、气候特征的住宅建筑体系,研制推广新型砌块、轻质板材和高效保温材料,减少能耗,限制在城市住宅建设中使用黏土砖作为墙体材料等。

（四）传统建筑方式质量通病严重

建筑产品的质量事关公众利益和公共安全。而目前,我国建筑的工程质量并不十分乐观,各参与方质量责任意识不强,完全没有做到从施工过程的各个环节、各个方面落实质量安全责任,施工过程质量控制也不够有效。所以,我国建筑工程目前质量通病严重。

常见的质量问题包括：住宅施工前期混凝土施工不达标、住宅建筑完成后出现各种渗漏(包括屋顶漏水、地面渗漏、墙体渗漏等)、墙体裂缝、墙体移位甚至轻微的塌陷等。这些质量通病,有的缩短了建筑物的使用年限,有的直接影响了建筑物的使用功能,在生活质量不断提升、对住宅工程质量要求越来越高的背景下,成了质量投诉的热点。

传统建筑业造成的质量问题,最主要原因是设计和施工分离,而建筑工业化必须对建筑产品的使用作统一考虑,将整个建造工程作为一个产品看待,能够有效改善传统建造方式设计和施工脱节的状况,同时在生产过程中大量使用设备控制,可极大提高产品的精度和质量。

（五）传统建造模式的局限

改革开放以来,我国建筑业取得了迅猛发展。截至 2018 年年末,全国建筑业总产值 22.58 万亿元。但与建筑业的高度繁荣形成强烈反差的是,我国建筑业的劳动生产率依然很低,尤其与发达国家相比,仍然有很大的差距。

一方面,从根据建筑业增加值计算的劳动生产率来看,美国建筑业年劳动生产率从 1997 年的 6.8 万美元/人增长到了 2002 年的 7.8 万美元/人,按照同期汇率折算分别为 56.43 万元/人和 64.56 万元/人,而我国 1997 年与 2002 年按建筑业增加值计算的劳动生产率分别为 1.4 万元/人和 1.8 万元/人,显然差距也是十分明显的。

另一方面,从人均竣工面积看,2018 年我国人均年生产建筑 $35.9m^2$,而对比 2018 年的德国,全年生产建筑 5 千万 m^2,从业人员 35.7 万,平均每人约生产 140 平方米,人均效率是中国的 4 倍之多,其中建筑工业化对效率提升的作用巨大;造成这种现象的主要原因,是我国建筑行业过多使用人工操作,而发达国家则大量使用机械设备和预制构件。可见,传统建筑生产方式的劳动生产率不高,难以适应建筑行业高速发展的需求,亟待一种新的、先进的建筑生产方式来改变这种现状,而建筑工业化正是这种新的生产方式。

简单来说,建筑工业化是未来可持续高质量发展的必然趋势,也是十九大报告中的构建人类命运共同体的必备条件。

第一部分

中国建筑产业现代化实践

2013 年全国建设工作会明确提出了"促进建筑产业现代化"的要求。建筑产业现代化是建筑产业化发展的总体目标,其概念主要包含以下方面:以新型建筑工业化为核心,运用现代科学技术和现代化管理模式,实现传统生产方式向现代工业化生产方式的转变并实现社会化大生产,从而全面提高建筑工程的效率、效益和质量。

2015 年以来,国家对建筑产业化的重视程度越来越高,政策不断加码。2016年,由住房与城乡建设部组织编制的《工业化建筑评价标准》正式实施,对工业化建筑有了更明确、科学的划分标准。

2016 年《中共中央 国务院关于进一步加强城市规划建设管理工作的若干意见》又明确提出:"力争用 10 年左右时间,使装配式建筑占新建建筑的比例达到 30%。"

建筑产业现代化以建筑工业化为核心,那么何为建筑工业化?

根据百度词条:建筑工业化,指通过现代化的制造、运输、安装和科学管理的生产方式,来代替传统建筑业中分散的、低水平的、低效率的手工业生产方式。它的主要标志是建筑设计标准化、构配件生产工厂化,施工机械化和组织管理科学化。

1974 年联合国发布的《政府逐步实现建筑工业化的政策和措施指引》中也定义了"建筑工业化":按照大工业生产方式改造建筑业,使之逐步从手工业生产转向社会化大生产的过程。它的基本途径是建筑标准化、构配件生产工厂化、施工机械化和组织管理科学化,并逐步采用现代科学技术的新成果,以提高劳动生产率。

实现建筑产业现代化主要有三种技术路径,即预制混凝土建造体系、预制钢结构建造体系和预制木结构建造体系。这都是以装配式建筑施工为方式的技术路径,我国目前应用最为广泛的是预制混凝土装配式建筑,占三种主流技术路径的 65% 以上。那么,建筑工业化等同于装配式建筑吗?

装配式建筑的定义,是指建筑的部分或全部构件在构件预制工厂生产完成,然后通过相应的运输方式运到施工现场,采用可靠的安装方式和安装机械将构件组装起来,成为具备使用功能的建筑物。

仔细研读这一定义,装配式建筑不完全等同于建筑工业化。像造车一样造房子是当下时髦的比喻。从设计概念车,完成概念车,到分析零部件设计,制造,到最终组装,造车是一个完整的过程。而装配式建筑的字面意思仅仅是最终组装过程,如果没有精密思考的整车及零部件设计,整车制造的时间会大大延长,引起成本的增加。同理,如果没有完整的工业化信息化整体建筑建造体系,仅仅强调建筑最终的装配化,也会产生成本的上升。

所以,建筑工业化的核心是整体产品通过效率最大化,实现高质量低成本。

建筑工业化必须进行数据化设计,将数据通过接口传输到 MES 工厂生产,这个过程要提高设计精度及传输精度,缩短时间。工厂生产环节对于建筑业工序来说是新增加的一个环节,要尽可能提高劳动生产率,提高质量,减少浪费,把成本降到最低。而在建筑装配环节,需要尽量节约工序和时间,如传统的现浇建筑有安装外部模板、固定钢筋、安装内模板和浇铸混凝土、混凝土养护、安装楼板模具、安装边缘和开口处的模板、安装钢筋、楼板混凝土浇筑、拆模、清洁模板、完工辅助工作等 11 道工序,每平方米耗时 8.5 小时,而如果使用工业化方式,体系设计得当的话,仅需要安装墙板、钢筋连接、楼板安装、钢筋连接、浇筑混凝土、拆除支撑、完工辅助工作等 7 道工序,每平方米耗时 3.5 小时,约可以减少 55% 的时间。但如果仅仅强调装配式建筑,设计无法实现自动数据传输,同时长期按照现浇形成的标准体系仅仅进行部分部件装配,很多本该节约的工序无法节约,这样的装配式建筑就不是全过程的建筑工业化,最终会大量增加成本,没有人能够为之长期买单。

那么,建筑工业化等同于预制 PC 吗?

搬到工厂的现浇不是建筑工业化。以叠合板为例,德国生产一平方米叠合楼板需要的平均人工工时是 0.04 小时,人均每天 8 个小时生产构件 10~12m³,人工工资每小时 300 欧元左右。日生产叠合楼板 1000m² 的工厂,仅仅需要 6~8 人,而每平方米楼板售价约 160 欧元,或者每立方米 2500 欧元,在这种情况下,不需要政府补贴,工厂便可以持续发展;而在北京,人均日生产叠合楼板 0.5m³,每小时人均生产 1m²,工人每平方米工资约 45 元,日生产 1000m² 叠合楼板的生产线需要 30 多人,即使在构件销售每立方米 3000 元的情况下也很难盈利。同时,换一个地方现浇,在大量使用人工的过程中,废品率也大幅度上升。所以,建筑工业化 PC 部件的生产也应该与其他工业品的生产一样,要从流程梳理开始,以自动化生产为基础,逐渐走向人机互动智能高精度生产的低成本、高品质、高灵活性与智能化。

目前预制构件总体生产效率的情况,以四川省为例,四川省混凝土预制行业的发展处于全国相对较为平均的水平,混凝土预制构件的生产主要集中在相对简单的叠合楼板、楼梯、阳台、空调等水平类预制构件,2019 年混凝土装配式建筑达到 3600 万平方米。根据对当地骨干企业的统计调查,四川省 PC 构件制造企业主要生产技术指标如下。[①]

- 除管理人员外的一线生产人员的人均日生产效率为 1~1.2m³,优秀值

① 四川省土木建筑学会建筑工业化专委会,成都市建筑材料行业协会:《2019 年四川省装配式混凝土建筑产业发展报告出炉》,2021-01-03。

$1.5 m^3$,低值 $0.7 m^3$(上海的数据也为 $0.7 m^3$)。

- 模台台面的平均利用率为 50%左右。
- PC 构件的平均装车时间为 1.5 小时,优秀值为 0.5 小时。
- PC 构件卸车等待时间均值约为 4 小时,优秀值为 1 小时。
- PC 构件堆场平均占用时间 7~10 天,优秀值为 4 天。

所以,从建筑工业化概念角度来分析,建筑由建筑业转向制造业,制造工业化的建筑,提高质量,提高整体效率,应该是建筑工业化的必经之路。

简单总结,建筑工业化是将建筑视为工业化的一个整体产品,整体提升效率、提升质量、降低成本的工业化过程,而不是一个个单独部件的自然生态,在此基础上产生的中国特色一体化装配式建筑,就是中国的新型建筑工业化,而实现中国建筑产业现代化的目标核心,正是以中国特色一体化装配式建筑为技术路径的中国新型建筑工业化。

第一章

中国装配式建筑概述

装配式建筑是指在工厂生产预制构件为主要部件,通过现场装配或锚固迅速构成结构类的建筑物。这种建筑的优点是建造速度快,受气候条件制约小,节约劳动力并可提高建筑质量。

《国务院办公厅关于转发发展改革委、住房与城乡建设部绿色建筑行动方案的通知》(国办发〔2013〕1 号)中第三条第(八)款指出:为推动建筑工业化,"住房城乡建设等部门要加快建立促进建筑工业化的设计、施工、部品生产等环节的标准体系,推动结构件、部品、部件的标准化,丰富标准件的种类,提高通用性和可置换性。推广适合工业化生产的预制装配式混凝土、钢结构等建筑体系,加快发展建设工程的预制和装配技术,提高建筑工业化技术集成水平。支持集设计、生产、施工于一体的工业化基地建设,开展工业化建筑示范试点。积极推行住宅全装修,鼓励新建住宅一次装修到位或菜单式装修,促进个性化装修和产业化装修相统一"。2014 年 1 月,住房和城乡建设部通知要求各地积极推进绿色保障房工作,并同时发布了《绿色保障性住房技术导则(试行)》(以下简称《导则》),明确各地依此研究制定本地区的绿色保障性住房技术政策,做好技术指导工作。《导则》共有八条,其中强调了绿色保障性住房应遵循的基本原则,研究和制定了绿色保障性住房的指标体系,提出了绿色保障性住房的规划设计、建造施工和产业化等技术要点。2017 年 9 月 5 日,中共中央、国务院发布《关于开展质量提升行动的指导意见》,提出确保重大工程建设质量和运行管理质量,建设百年工程,加快推进工程质量管理标准化,提高工程项目管理水平,健全工程质量监督管理机制,强化工程建设全过程质量监控,大力发展装配式建筑,提高建筑装修部品部件的质量和安全性能。

这些文件都反映了我国装配式建筑未来会走向工业化、信息化和绿色可持续发展的方向。

现代化的装配式住宅将至少具有以下功能:

• 节能——外墙有保温层,最大限度地减少冬季采暖和夏季空调的能耗;

- 隔音——提高墙体和门窗的密封功能,保温材料具有吸音功能,使室内有一个安静的环境,避免外来噪音的干扰;
- 防火——使用不燃或难燃材料,防止火灾的蔓延;
- 抗震——大量使用轻质材料,减轻建筑物重量,增加装配式构件的柔性连接;
- 外观不求奢华,但里面清晰而有特色,长期使用不开裂、不变形、不褪色;
- 为整体装修的厨房、厕所配备各种卫生设施提供有利条件;
- 为改建、增加新的电气设备或通讯设备预留可能性。

传统建筑物外表面通常粉刷彩色涂料,不出现色差且久不褪色很困难,但装配式建筑外墙板可通过彩色混凝土、机械化喷涂等可控工艺在可控环境下完成;楼板、屋面板为便于施工也在工厂预制;室内材料如石膏板、铺地材料、天花吊板、涂料、壁纸等,都已通过复杂的工业化生产流水线制造出来,而且工厂在生产过程中,可以随时控制诸如强度、耐火性、抗冻融性、防火防潮、隔音保温等材料的性能指标。如果把房屋看成一台大设备,现代化的建筑材料和预制构件便是这台设备的零部件。这些零部件经过工厂生产和严格检验,质量可以保证,组装出来的房屋能够实现功能要求。工厂预制好的建筑构件运来后,工人们现场按图组装,大大减少了过去那种大规模和泥、抹灰、砌墙等湿作业。

装配式建筑施工有以下优点:

- 施工进度快,房屋可在短期内竣工并交付使用;
- 建筑工人减少,劳动强度低,交叉作业方便有序;
- 每道工序都可以像设备安装那样检查精度,保证质量;
- 施工现场噪声小,散装物料少,废物及废水排放少,有利于环境保护;
- 施工成本降低。

根据住建部《"十三五"装配式建筑行动方案》要求:"到 2020 年,培育 50 个以上装配式建筑示范城市,200 个以上装配式建筑产业基地,500 个以上装配式建筑示范工程,建设 30 个以上装配式建筑科技创新基地,充分发挥示范引领和带动作用。"

全国的装配式建筑市场有近 5 亿平方米新开工面积,3 万亿元产值,建设 150 万套保障性住房的市场,装配式建筑在国内发展空间巨大。据《建筑产业现代化发展纲要》(征求意见稿),"十三五"期间,装配式建筑要达到新建建筑的 20％以上,保障性安居住房采取装配式搭建的要达到 40％以上。到 2015 年年末,全国新建保障性安居住房 783 万套。2015 年新开工建筑面积达到 46.84 亿平方米,全国建筑业总产值达到 18.07 万亿元。假设 2020 年建筑业新开工面积基本与 2015 年持平,那么装配式建筑的开工面积将达到 9.87 亿 m²,以 PC 建筑占到其中的 50% 计,PC 建筑的新开工面积将会是 4.94 亿 m²。假设建筑业产值以 9%(近三年平均值)的速度增长,预计 2020 年建筑业总产值将达到 27.81 万亿元,预制装配式建筑净产值将达到 2.83 万亿元。

装配式建筑的巨大优势,对我国建筑业具有非常重要的意义。

一、确保装配式工程质量安全

由于我国建筑业迅速发展,大批农民工进入该行业从事施工生产,他们一般没有经过系统培训,素质参差不齐,在传统的现场施工方式下,安全和质量事故时有发生。而预制装配式施工方式则可以将这些人为因素的影响降到最低。大量的预制构件都是在工厂中制造生产,工厂的温度、湿度,专业工人操作的熟练程度,以及模板、工具的质量都优于现场施工方式,因此构件质量更容易得到保证。现场结构的安装连接则遵循固定的流程,使用专业的安装工作队,更能有效保证工程质量的稳定性。

二、策划、设计、构件生产、现场装配各环节质量控制更加系统化

发展装配式建筑,能够全周期策划、设计、生产及运输,并对现场装配各环节进行质量控制,更加系统化,因此使建筑市场更加规范化,并将带来工期缩短、质量提升、节能减排降耗等诸多益处。

三、有利于降低企业成本

装配式建筑可节省现场大量脚手架、模板等装置;构件采用预制工厂的钢模批量生产,成本相对较低;一些外墙类的预制构件,外观质量更高,现场可以免去抹灰等过程,直接进行外部装饰,节省外粉刷的材料费、人工费等;在信息化自动化的帮助下,通过预制工厂稳定的加工条件,一些形式复杂的构件也能较容易地生产出来;同时,目前人工费上涨已经成为制约我国建筑业发展的瓶颈,因此采用预制装配式施工,在形成生产规模后,将使预制装配式施工比现浇施工方式在成本方面具备优势。

四、有利于节能环保并转变建筑业生产方式

建筑业是我国目前的耗能大户,能耗占到全国能耗的三分之一,且对周围的环境污染严重,而预制装配式施工方式节约大量现场脚手架和模板作业,减少木材使用量,在降低造价的同时也保护了我国宝贵的森林资源。采用预制装配式建筑,减少现场湿作业,对周围环境影响小,噪音、烟尘污染、散装物料、废物及废水排放也远远小于现场施工,有利于环境保护。此外,预制工厂车间的施工条件有利于外墙板保温层的安装质量,避免现场施工易破坏保温层的情况,对实现建筑使用阶段的保温节能也非常有利。

五、有利于推进城市化进程

预制装配式建筑构件在工厂制作好再运到施工现场进行安装,在现场开展三通一平前期基础性工作时,预制工厂已经开始梁、柱、楼板、外墙和楼梯等主要构件的生产,无须在施工现场进行大量的混凝土浇筑养护过程,大大提高施工速度。在2030年前我国仍需要大规模城市化建设的时代背景下,发展预制装配式建筑,为加快城市化进程提供了良好的技术支持。

第二章

我国装配式建筑发展历程

一、主要发展阶段

我国装配式建筑并非近几年才出现,而是早在几十年前就已开始研究,其发展经历四个阶段。

(一)第一阶段:创建和起步期

20世纪50年代,早在第一个五年计划中,我国就提出了装配式建筑的概念,开始向苏联学习工业化建设经验,提出设计标准化、工业化、模数化的方针,在建筑业发展预制构件和预制装配件方面进行了很多关于工业化和标准化的讨论与实践。20世纪五六十年代,开始研究装配式混凝土建筑的设计施工技术,形成了一系列装配式混凝土建筑体系,较为典型的建筑体系有装配式单层工业厂房建筑体系、装配式多层框架建筑体系、装配式大板建筑体系等。20世纪60年代至70年代末,多种装配式建筑体系得到快速发展,如借鉴国外经验和结合国情,引进了南斯拉夫的预应力板柱体系,即后张预应力装配式结构体系,在施工工艺、施工速度等方面都有一定的提高。20世纪80年代提出了"三化一改"方针,即设计标准化、构配件生产工厂化、施工机械化和墙体改造,出现了大型砌块装配式、装配式大板、大模板现浇等住宅建造形式,装配式混凝土建筑的应用达到全盛时期,但由于当时产品单调、抗震性能差、质量问题严重,造价偏高和一些关键技术问题未解决,建筑工业化综合效益不高,也因为计划经济的种种束缚,引进技术基本转化后就止步不前。这一时期是在政府计划体制下,违反比较优势,以住宅结构工业化建造为中心的装配式建筑时期,困难重重。

(二)第二阶段:困难停滞期

20世纪80年代后期至90年代末,随着现浇施工方式的发展,改革开放又释放出大量剩余劳动人口,现浇施工技术得到快速发展;工厂预制、现场装配的大板房由于连接、防水等配套材料和技术的滞后发展,产生了大量建筑质量问题,以至于在现浇技术快速发展的情况下,原有的建筑构件预制工厂几乎全部转型,预制装配施工技术陷入停滞期。

(三)第三阶段:新探索期

20 世纪 90 年代末至 2013 年开启了装配式建筑的新探索期,住房开始实行市场化供给,建设规模空前扩大。这一阶段,我国装配式建筑在工业化方向做了许多积极的探索,例如 1987 年,我国制定了《建筑模数协调统一标准》(GBJ 2-86),主要用于模数标准的模数的统一和协调。部品与集成化也开始在 20 世纪 90 年代的住宅领域中出现。

1999 年,国务院办公厅以国办发〔1999〕72 号转发了建设部等部门《关于推进住宅产业现代化提高住宅质量的若干意见》,该意见作为一个纲领性文件,成为我国近现代住宅产业化的起点,同年还颁布了《国家康居示范工程实施大纲》等,成为推进住宅产业现代化发展的一个历史性高潮。

同时,我国在这一阶段开始建设住宅产业化基地,大力发展节能省地型住宅,提高住宅质量、性能和品质,满足城乡居民改善和提高住房条件的需求。2006 年 6 月 21 日,建设部制定了《国家住宅产业化基地试行办法》,产业化基地的主要任务是推广标准化、系列化、配套化和通用化的新型工业化住宅建筑体系、部品体系与成套技术;产业化基地应具备的条件包括:具备较强的技术集成、系列开发、工业化生产、市场开拓与集约化供应的能力。随后,围绕以上政策的精神,陆续出台了节能省地、绿色建筑、建筑现代化等相关政策。2008 年,开始探索 SI 住宅技术和"中日技术集成示范工程";在装修方面,进一步倡导全装修的推进。

这一时期,相对主体的工业化,主体结构外的局部工业化比较突出,同时伴随住房体制的改革及对住宅产业理论的相关研究,主要以小康住宅体系研究为代表。但与此同时,住宅产业化与房地产建设的发展脱节,装配式建筑各种技术体系鱼龙混杂,标准发展缓慢,成本高,行业艰难起步,进展缓慢,建筑技术仍以现浇结构体系为主。

(四)第四阶段:快速发展期

2013 年至今,关于住宅产业化和工业化的政策与措施相继出台。2013 年 1 月,国家发改委和住建部联合发布了《绿色建筑行动方案》(国办发〔2013〕1 号),明确将推动建筑工业化作为十大重点任务之一。在大力推动转变经济发展方式、调整产业结构和大力推动节能减排工作的背景下,北京、上海、沈阳、深圳、济南、合肥等城市地方政府以保障性住房建设为抓手,陆续出台支持建筑工业化发展的地方政策。国内的大型房地产开发企业、总承包企业和预制构件生产企业也纷纷行动起来,加大建筑工业化投入。从 2013 年开始,推广绿色建筑已成为最高级别的国家共识,建筑工业化、建筑业转型升级,成为社会经济发展的必然趋势。

随着 2015 年中国新增劳动力人口迎来拐点,建筑业劳动力成本开始逐渐上升,建筑业劳动人口的平均年龄也大幅提高,这表明未来建筑业人工成本上升、劳动力供应减少的趋势将不可逆转(图 1-1,图 1-2)。在这样的趋势下,相比于现浇式建筑大量使用人工的建造方式,装配式建筑生产效率高、人工使用大幅减少的优势得到重视。

图 1-1　中国劳动力人口迎来拐点

图片来源:https://www.chyxx.com/industry/201709/560864.html

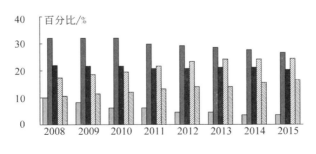

图 1-2　各年龄段人口占总劳动人口比重趋势图

图片来源:https://www.chyxx.com/industry/201709/560864.html

2014 年 5 月 4 日,住建部发布了《住房和城乡建设部关于开展建筑业改革发展试点工作的通知》,将建筑产业现代化试点定为辽宁、江苏省和合肥、绍兴市,提出了具体要求,并于 2014 年 7 月 1 日,住建部又发布了《住房与城乡建设部关于推进建筑业发展和改革的若干意见》,提出了建筑业向建筑产业现代化转变的方式、建筑工人向建筑产业工人转变的方法。

2016 年 2 月,中共中央、国务院《关于进一步加强城市规划建设管理工作的若干意见》第十条指出:发展新型建造方式。大力推广装配式建筑,减少建筑垃圾和扬尘污染,缩短建造工期,提升工程质量。制定装配式建筑设计、施工和验收规范。完善部品部件标准,实现建筑部品部件工厂化生产。……力争用 10 年左右时间,使装配式建筑占新建建筑的比例达到 30%。

2016 年 9 月,国务院办公厅发布《关于大力发展装配式建筑的指导意见》(国办发〔2016〕71 号),之后密集出台各种政策和标准:

- 2017 年 2 月,国务院办公厅发布《关于促进建筑业持续健康发展的意见》(国办发〔2017〕19 号)。
- 2017 年 3 月,住房和城乡建设部制定《"十三五"装配式建筑行动方案》。
- 2017 年 9 月,中共中央、国务院出台《关于开展质量提升行动的指导意见》,再次明确"因地制宜提高建筑节能标准,大力发展装配式建筑"。
- 2017 年 9 月 20、21 日,北京市发展装配式建筑工作联席会议办公室举办了北京市 2017 年装配式建筑培训。
- 2018 年 2 月 1 日,国家标准《装配式建筑评价标准》GB/T 51129—2017 实施。原国家标准《工业化建筑评价标准》GB/T 51129—2015 同时废止。
- 2018 年 6 月,中共中央发布《全面加强生态环境保护 坚决打好污染防治攻坚战的意见》,鼓励新建建筑采用绿色建材,大力发展装配式建筑,提高新建绿色建筑比例。
- 2018 年 10 月 1 日,第一份住宅装配式装修地方标准、北京市住房和城乡建设委员会与北京市质量技术监督局联合发布的《居住建筑室内装配式装修工程技术规程》开始实施。
- 2019 年 3 月 27 日,住建部公布《住房和城乡建设部建筑市场监管司 2019 年工作要点》,提出开展钢结构装配式住宅建设试点。在试点地区保障性住房、装配式住宅建设和农村危房改造、易地扶贫搬迁中,明确一定比例的工程项目采用钢结构装配式建造方式。
- 2019 年 6 月 18 日,住建部批准《装配式钢结构住宅建筑技术标准》为行业标准,编号为 JGJ/T 469—2019,自 2019 年 10 月 1 日起实施。

- 2019 年 11 月 4 日,住建部发布《装配式混凝土建筑技术体系发展指南(居住建筑)》,深入指导装配式混凝土居住建筑技术体系发展,进一步推动装配式建筑产业化。

综上,我国对预制装配式建筑的应用始于 20 世纪 50 年代,到 80 年代各种预制屋面梁、吊车梁、预制屋面板、预制空心楼板以及大板建筑等得到广泛应用,但当时我国建筑工业化整体水平很低,且存在着构件跨度小、承载能力低、整体性不好、延性较差等弊端。进入 90 年代后,由于预制装配式建筑自身在设计水平、构件制作的精细程度和装配技术上落后等原因,以及当时现浇混凝土技术的迅速发展,预制装配式建筑的应用,特别是在民用建筑中的应用处于低潮[①]。近十年来,随着我国经济的快速发展,劳动力成本的上升,以及预制构件加工精度与质量的提升,预制装配式建筑的设计水平、施工技术和管理水平的提高,预制装配式建筑的应用重新升温,以新型预制混凝土装配式结构快速发展为代表的建筑工业化,进入了新一轮的高速发展期,但是总体来看,与发达国家差距还很大。

二、体系逐渐建立

(一)政策体系基本建立

自 2015 年以来,中共中央、国务院高度重视装配式建筑发展,陆续出台了多项政策文件。尤其是 2015 年 12 月 20 日,在时隔 37 年之后再次召开的中央城市工作会议上,中央要求大力推动建造方式创新,以推广装配式建筑为重点,通过标准化设计、工厂化生产、装配化施工、一体化建造、信息化管理、智能化应用,促进建筑产业转型升级。2016 年 2 月,国务院颁布了《关于进一步加强城市规划建设管理工作的若干意见》,提出发展新型建造方式。2017 年 9 月,中共中央、国务院印发的《关于开展质量提升行动的指导意见》提出,大力发展装配式建筑,提高建筑装修部品部件的质量和安全性能。

为贯彻落实中共中央、国务院的部署,住房和城乡建设部印发了《"十三五"装配式建筑行动方案》《装配式建筑示范城市管理办法》《装配式建筑产业基地管理办法》等政策文件,提出了一系列落实举措。各省市也纷纷出台装配式建筑鼓励政策和举

---

① 中国木材网:《庆祝新中国成立 70 周年|回顾中国装配式建筑发展史,风雨砥砺,未来可期》,2019-09-30。

措,设定工作目标和工作计划,装配式建筑政策体系基本建立。

（二）标准体系基本健全

为配合装配式建筑的发展,国家制定实施了一系列标准规范。自 2014 年以来,住房和城乡建设部先后颁布了《装配式混凝土结构技术规程》(JGJ 1—2014)、《装配整体式混凝土结构技术导则》《工业化建筑评价标准》(GB/T 51129—2015)、《装配式混凝土建筑技术标准》(GB/T 51231—2016)、《装配式钢结构建筑技术标准》(GB/T 51232—2016)、《装配式木结构建筑技术标准》(GB/T 51233—2016)、《装配式建筑评价标准》(GB/T 51129—2017)等。各省市也在积极推进装配式建筑地方标准体系建设。据不完全统计,全国出台或在编装配式建筑相关标准规范约 200 多项,涵盖了装配式混凝土结构、钢结构、木结构和装配化装修等多方面内容。这些标准规范的出台,标志着装配式建筑标准体系基本建立,为装配式建筑发展提供了坚实的技术标准保障。

（三）产业支撑逐渐加强

根据住房与城乡建设部印发的《"十三五"装配式建筑行动方案》《装配式建筑示范城市管理办法》《装配式建筑产业基地管理办法》(建科〔2017〕77 号),2017 年 11月,住房与城乡建设部认定北京市等 30 个城市为第一批装配式建筑示范城市,北京住总集团有限责任公司等 195 个企业为第一批装配式建筑产业基地。示范城市分布在东、中、西部,产业基地涉及 27 个省(自治区、直辖市)和部分中央企业,产业类型涵盖设计、生产、装饰装修、装备制造、科技研发等全产业链,为全面推动装配式建筑打下了良好的产业基础。

（四）监管体系不断创新

随着装配式建筑的不断推广应用,监管创新问题被提上议事日程。2019 年 9 月15 日,国务院办公厅转发住房与城乡建设部《关于完善质量保障体系提升建筑工程品质的指导意见》,提出鼓励企业建立装配式建筑部品部件生产和施工安装全过程质量控制体系,对装配式建筑部品部件实行驻厂监造制度。建立从生产到使用全过程的建材质量追溯机制,并将相关信息向社会公示。同时,各地也在积极探索创新适用于装配式建筑的工程质量和安全监管体系。

第三章

我国装配式建筑发展典型案例

我国装配式建筑近几年在工业化技术体系方面做了许多有益的探索,如数字化整体设计应用、整体 EPC 引进消化吸收创新体系研发、工程总承包 EPC 实践等。以下是一些典型案例,其最终目标是利用现代化数字技术和工业化建筑制造体系,实现可持续建筑一体化设计施工的总目标。

一、清华大学深圳研究生院创新基地(二期)的产业化设计及数字化 应用

清华大学深圳研究生院创新基地(二期)项目位于深圳,于 2016 年 1 月 16 日奠基开工,规模为 5.14 万 m^2,高 96.1m 的办公楼,2F 及以上采用装配式内浇外挂工法。协调平面功能的做法是:立面为 1600mm 模数的窗墙体系及 600mm 的立面线条,同时每 3 层形成一个标准化单元。实墙面与阳台虚实呼应,使得立面简洁却又不失变化。项目外墙全部采用预制外墙板＋窗框体系,其使用年限、防水效果及成本均优于幕墙系统。

该项目在外立面构件及外墙、核心筒内疏散楼梯均运用了装配式产业化设计,预制外墙与内保温实现一体化设计,预制率达到 20.04％,装配率达到 26.41％。此外,项目从方案投标到现场施工指导,真正意义上实现了全流程 BIM 设计,极大提升了设计效率,为装配式建造奠定了良好的基础。

该项目负一层结构复杂、综合管线多、层高较高,为了提高后续工序的施工质量,应对 BIM 模型进行动态管理并实时校核与更新,但传统实测实量方式较难实施。因此项目应用了 3D 激光扫描技术,完成负一层至一层结构实体扫描,准确地核查了现场结构施工质量。

区别于传统测量方式,3D 激光扫描技术的最大特点为不受空间的限制、非接触、高效、高精度测量,完成对现场扫描即可获得原始数据,通过数据处理可形成点

云模型,在模型中可获取任意尺寸数据,有效地解决了施工现场复杂的测量问题。该项目应用3D激光扫描技术获得结构墙面垂直度、墙面平整度、地面平整度等实测数据。通过实测数据与质量验收规范标准的比对,检验施工质量和误差,为后续工序施工提供边界条件。同时,该技术也突破传统单点测量的方式,并且利用测量点云信息构建三维模型,有效、完整地记录了工程现场的复杂情况。通过现场实体扫描结果与BIM模型的比对,可实现施工质量精确化检验及BIM模型动态管理、实时校核与更新,从而达到提升BIM应用水平、工程建设质量和项目管理水平的目的。

作为新型项目标杆,该项目对新型数字技术的运用和经验积累目前在国内保持领先,通过全流程的BIM设计,应用3D激光扫描技术测量手段,以建筑工业化的方式进行建造,实现全过程的数据化,达到数字化建筑的效果。

图1-3　清华大学深圳研究生院创新基地

图片来源:http://www.360doc.com/content/20/1019/11/31943675_941193432.shtml

二、北京郭公庄公租房项目设计总承包一体化建造的尝试

北京郭公庄公租房项目位于丰台区郭公庄六圈南路,于2012年9月正式开工,建筑面积64257m²,可提供公租房1418套。该项目主体结构和内部装修全部按照装配式建造方式进行设计和建造,主体结构采用装配式剪力墙结构(PC结构),预制构件包括外墙、楼板、楼梯、阳台和空调板等14大类638种,预制率约35%~40%。外墙采用三明治复合墙体,由外页板(60mm厚)、保温层(70mm厚)和内页板(200mm厚)组成。楼板、阳台板均采用叠合楼板方式;楼梯采用了预制清水混凝土楼梯段。

该项目装配式建筑只在外立面涂了界面保护,整体以清水混凝土的形态出现,最终效果很好,很大原因是构件在工厂生产,能够得到一个标准化的质量保证。

另外,该项目使用装配式预制精装修一体化的方式,主要有几大特点:第一,结构与管线分离;第二,同层排水;第三,各卫浴底盘是整体底盘;第四,地采暖,而且是架空地暖模块。整体的施工速度非常快,质量可以得到更好保证。

装配式建筑的标准户型施工质量高,整个样板房仅十天就全部完工。

该项目是设计总承包一体化建造的早期案例,也是国内为数不多的以清水混凝土作为外立面,并采用精装修一体化的装配式建筑项目,在保障性住宅这类标准化要求高的项目中,有非常重要的实际借鉴意义。

图 1-4　北京郭公庄公租房项目

(图片来源于项目设计院)

三、镇江新区港南路公租房模块住宅项目的模块化及抗震技术研发

镇江港南路公租房小区是我国首个采用预制集成模块建筑建设的示范项目,位于江苏省镇江市东部新区,于 2014 年 8 月开工。

该项目为绿色建筑三星级认证项目,曾获得第 11 届"精瑞白金奖"。项目由中国建筑设计院有限公司设计团队历时三年完成,引进国外先进建筑技术,结合本土实际情况,进行本土化技术研究与创新开发,通过实验研发、体系优化、技术改型等手段,解决了使用该体系在抗震区建造高层建筑的关键技术难点,对我国工业化建筑市场的拓展进行了有益的尝试,提供了新的发展思路。

项目为公租房住宅小区,总占地 5.08 万 m^2,建筑面积 13.5 万 m^2,共有 10 栋住宅楼。工程地下 2 层,地上 18 层,建筑高度 56.5m。地上建筑面积约 9.6 万 m^2,容积率 1.89。规划总套数为 1436 套,包含 42、47、79、96m^2 四种套型。

项目采用的模块建筑体系是指将抗侧力结构体与预制集成建筑模块由建筑施

工单位在施工现场组合而成。该预制集成建筑模块是在工厂制造的,包括钢密柱墙体、混凝土楼板以及吊顶、内装部品等。模块建筑体系把建筑物划分为若干个尺寸适宜运输的模块,建筑平面和立面设计基本不受模块划分的限制,是一种设计灵活度较高的建筑体系。

图 1-5　镇江港南路公租房小区项目

(图片来源于项目施工企业)

四、河北雄安市民服务中心项目的模块化及集成化

河北雄安市民服务中心项目于 2017 年 12 月 7 日开工,是一个采用预制集成模块建筑建设的可持续绿建项目。

该项目全面采用绿色装配式建造方式,通过混合装配式钢结构和模块化建筑,建筑垃圾比传统减少 80% 以上,构件工厂化生产,大大减少了现场湿作业,减少了施工噪音,施工工期相比传统模式缩短 40%。项目创造了全新的"雄安速度"——4 天,完成 3100 吨基础钢筋的安装;5 天,完成建设现场临建布置;7 天,完成 12 万 m³ 土方开挖;10 天,完成 3.55 万 m³ 基础混凝土浇筑;12 天,完成现场临时办公、生活搭建;25 天,完成 1.22 万吨钢构件安装;40 天,项目 7 个钢结构单体全面封顶。从开工到全面封顶,仅历时 1000 小时。

为确保质量,项目装配式构件实现了全程可追溯,从设计、生产、运输、安装,形成了一个数据流和信息流,各个环节相互匹配。每个预制构件里都有芯片或二维码,包含生产时间、地点、检测人员、物流人员、安装工人、安装位置等信息。

该项目融合了装配式建筑、被动式建筑、海绵城市、综合管廊、BIM 应用、智慧园区等 30 多项新技术,集成最先进的建设理念,大规模采用集成化、工业化的装配化建筑体系,在企业办公区大量使用模块化、可生长、可循环利用的装配式房屋,在工厂环境下完成建设装修工序后直接运至工地搭建,施工工期相比传统模式缩短 40%,建筑垃圾减少 80% 以上,是目前装配式建筑领域标杆性的示范项目。

图 1-6　河北雄安市民服务中心

图片来源:http://www.chinaxiongan.cn/GB/419268/419274/index.html

五、福建龙岩上杭建筑工业化示范项目的顶层设计牵头的一体化建造

福建省龙岩市上杭的建筑工业化项目是福建省建筑工业化发展的重点项目,于 2016 年启动。

该项目重点包括福建龙岩上杭"两基地三中心"项目,绿色装配式建筑示范项目和建筑小镇项目。

该项目采用以顶层设计牵头的一体化建造生产模式,即在项目开展初期,首先从客户需求出发,进行综合分析,选取最适宜当地居民需求的建筑户型,由建筑户型匹配适宜的装配式建筑结构体系,由装配式建筑结构体系拆解适宜生产的装配式建筑预制构件类型(包括尺寸、预埋件类型、异形构件标准化等内容)。在此基础上根据本项目需求和未来当地项目需求,设计欧洲和国内相结合的装配式建筑构件生产工厂。

工厂的综合目标为混凝土 $10.26 m^3/$人/天,这意味着在 2 万 m^2 的生产车间中,通过使用欧洲和国内生产设备,可以实现 64 名工作人员(管理人员+工人)年柔性生产 230 万 m^2 各类型装配式建筑叠合楼板、实心墙、叠合墙板等部件。

该项目采用欧洲先进的模块化设计理念,使建筑各标准化模块之间利用通用接口进行动态整合和拆分的过程,特点主要显现在选择各级单元模块可进行组合的灵活性和多样性。依据当地人员的实际需求,通过选择与对比,选取最优的模块组成新的整体,通过特定模块的优化实现设计成果的最终输出。

该项目还引进了欧洲装配式建筑信息化系统,采用完整的信息化平台对整个装配式建筑过程进行设计制造管控,同时采购国内和欧洲顶级品牌装配式建筑设备组合的装配式建筑工厂,在信息化方面,项目采用端到端的解决方案,实现建筑工业化原材料采购到构件销售的全过程管控,通过自动化和信息化的生产方式,为项目模块化设计提供了便捷,同时也为建筑构件的个性化设计提供了保证。

图 1-7 "绿色建筑示范工程"项目鸟瞰图

(图片来源于项目设计院)

图 1-8 "绿色建筑暨装配式建筑小镇"项目鸟瞰图

(图片来源于项目设计院)

第二部分

工业化制造是中国建筑产业现代化必经之路

中国当前经济已由高速增长阶段转向高质量发展阶段,人均 GDP 已于 2019 年达到 10000 美元,建筑业也正处于转型升级和创新发展的关键时期。党的十九大提出了绿色、低碳、循环的发展理念,为建筑业的改革创新指明了方向,以供给侧结构性改革为主线,大力发展装配式建筑,坚持绿色发展、创新驱动,以高质量发展促进建筑业转型升级的路径日渐清晰。

在这条发展道路上,是盲目引进吸收西方最先进的技术,进行直接超车?还是进行比较分析,引进具有比较优势的适宜技术,使企业具有自生能力,走减少保护补贴的市场化道路?

通过林毅夫老师的新结构经济学,对比发达国家的发展经验,尤其是在类似发展阶段的产业政策及主要技术体系,可以使我们更加清晰的了解建筑工业化技术发展,以及目前中国建筑工业化供给侧发展更加适宜的发展目标。

在新结构经济学中,对于一个国家适宜的技术是这个阶段具有比较优势的技术,而不是最先进的技术,如林教授列举的经典案例:日本真正开始发展汽车工业是 20 世纪 60 年代,当时日本的人均 GDP 是美国的 40%、德国的 60%,日本政府根据自己的比较优势,制定产业政策,支持引进欧美发展 60 年并且成熟的技术,首先定位大众需求的中低端汽车的生产,并大幅度提升这个领域的技术,最终成功实现弯道超车的理想。而我国目前人均 GDP 也已经达到日本、德国 20 世纪 80~90 年代的 50%,详细对比发达国家这些年代建筑工业化的发展及这个阶段的成熟技术体系,对我国建筑工业化供给侧改革应该有很强的现实意义。

第四章

发达国家建筑工业化发展概况

一、北美地区装配式建筑发展现状

现代北美的装配式建筑标志性事件是 1976 年的国家工业化住宅建造及安全法案（National Manufactured Housing Construction and Safety Act），同年开始由 HUD 负责出台一系列严格的行业规范标准，一直沿用到今天。HUD 是美国联邦政府住房和城市发展部的简称，它颁布了美国工业化住宅建设和安全标准（National Manufactured Housing Construction and Safety Standards），简称 HUD 标准。它是唯一的国家级建设标准，对设计、施工、强度、持久性、耐火、通风、抗风、节能和质量进行了规范；HUD 标准中的国家工业化住宅建设和安全标准还对所有工业化住宅的采暖、制冷、空调、热能、电能、管道系统进行了规范。装配式住宅只有获得第三方机构出具的达到 HUD 标准的证明，才能出售。

此后，HUD 又颁发了联邦工业化住宅安装标准（HUD Proposed Federal Model Manufactured Home Installation Standards），它是全美所有新建 HUD 标准的工业化住宅进行初始安装的最低标准，其条款用于审核所有生产商的安装手册和州安装标准，对于没有颁布任何安装标准的州，该条款成为强制执行的联邦安装标准，其建立推动了美国和北美装配式建筑整体质量的提升。与此同时，客户对近代工业化住宅提出更多美观、舒适性及个性化的要求，建筑师也有个性化表现的需求，这标志着工业化住宅在美国已经从数量阶段走到了高品质阶段。

据美国工业化住宅协会统计，2001 年，美国的工业化住宅已经达到了 1000 万套，占美国住宅总量的 7％，为 2200 万的美国人解决了居住问题。客户可以选择标准产品，也可以个性化定制，2001 年客户满意度超过了 65％。

在美国、加拿大，大城市住宅的结构类型以混凝土装配式和钢结构装配式为主，小城镇则多以轻钢结构、木结构为主。美国 1997 年新建住宅 147.6 万套，其中工业化住宅 113 万套,均为低层住宅,主体为木结构的住宅数量为 99 万套,其他为钢结构。

"像造汽车一样造房子",但造的方法却不一样。美国的装配式建筑和其他发达国家有很大区别。其基本特点有"大""快""市"三个特点,即产品或部件大,施工速度快,技术体系、生产安装整体产学研市场化程度高。

美国国家制造者联盟(NAHB)主席达纳·博诺姆对美国的装配式建筑产业有如下定义:所谓"装配式建筑产业",就是美国建筑界以现代经营理念和提前周密工作准备,寻找适合技术进步的建筑施工最佳条件,在产业化的发展中,全过程使用机械施工、现场科学管理以及更为先进的步骤,如调研开发、装配流程、整体设计、成品出厂、装配施工等;同时能够通过装配的功能将设计人员、技术人员、企业家或业主合理地关联组织起来。具体的 NAHB 联盟的定义如下:

- 生产的连续性:装配式建筑部品部件通过工厂预制生产线实现;
- 部件产品的标准统一:装配式建筑设计标准及生产装配式建筑部品部件的标准统一;
- 技术与工艺集成:装配式建筑生产过程各阶段的工艺的集约与技术的集成;
- 施工组织与工程管理:通过高度组织化及科学管理,实现从工厂预制到现场施工的全过程;
- 全流程机械替代手工劳动:装配式建筑材料的准备、制造、组装,以及机电设备的全部工程均使用机械完成;
- 一体化装配式建筑研究:和生产活动相关的一体化、有组织的研究与实验。

北美装配式建筑成功的重要因素之一,是 1954 年成立的"预应力混凝土协会"(PCI)。1989 年,该协会正式更名为"预制-预应力混凝土协会"。过去,北美的装配式建筑主要用于低层非抗震设防地区,但由于加州地区的地震影响,近年来北美也开始重视抗震和中高层预制结构的工程应用技术研究。PCI 出版了《预制混凝土结构抗震设计》一书,从理论和实践角度系统地分析了预制建筑的抗震设计问题,总结了许多预制结构抗震设计的最新科研成果,对预制结构设计和工程应用推广具有很强的指导意义。因为中国装

图 2-1 "预应力混凝土协会"(PCI)
图片来源:https://www.pci.org/

配式建筑主要由混凝土结构组成,故该协会的标准和技术体系对中国的影响也很大。由于北美市场客户传统上崇尚构件大、速度快、施工省的工业化体系,所以预应力混凝土从欧洲引进美国后,得到大量应用,几乎每一个预制构件工厂都至少拥有

一条预应力 T 型板生产线。

（一）标志性产品带动北美建筑工业化发展

北美地区装配式建筑产业的发展,是靠以下标志性产品来带动的。这些产品通过市场化的方式逐步形成了其标志性,间接证明了北美装配式建筑发展在市场化方面的优势。主要包括:

1. 单 T 板

由林同炎在 1962 年研发出来,跨度可以达到 40 米,近年来已由双 T 板取代。

2. 双 T 板

由 Harry Edwards 在 1952 年研制出来,当时宽度为 2.4m,最大跨度约 15m,经过近 60 年的发展,宽度从 2.4m、3m、3.6m 发展到了 4.5m,跨度也达到了 40m。

图 2-2　Harry Edwards 与双 T 板

图片来源:http://www.precast.com.cn/

3. SP 预应力空心楼板

由 Henry Nagy 在 1953 年研发出来,当时最大板厚是 20cm,最大跨度约 9m,经过 60 多年的发展,现在最大板厚达到 40cm,最大跨度约 20m。

图 2-3　SP 预应力空心楼板

图片来源:http://www.precast.com.cn/

PCI编制了一系列《PCI设计手册》,目前是第七版,为各种混凝土装配式建筑提供指导。该手册不仅在美国,而且在国际上也具有非常广泛的影响力。其中除了设计,还有与材料、生产、质量控制、吊装等相关的一系列指南,经过60多年的发展,推动了美国预制混凝土从无到有,最终成为安全、快速、经济、高品质的材料之一。目前大部分立体停车场都是使用预制混凝土,预制装饰外墙也成了建筑师最喜欢使用的部件之一。

该手册有以下标志性事件:

- 1971年第一版的PCI设计手册。目前出版到第七版,内容也增加一倍。
- 1973年第一版的PCI装饰外墙设计手册。现在已出版到第三版。
- 1977年第一版的PCI立体停车场设计手册。
- 1985年第一版的PCI预应力空心楼板设计手册。

（二）北美地区装配式建筑结构体系

北美地区装配式建筑产业化的结构体系不断与时代科技融合发展,其中适于产业化生产的主要有以下几种:

1. 木结构体系

木材与其他建材比较,主要优点为更易再生和低能耗、低排放。19世纪30年代的芝加哥,出现了集成装配背景下的Balloon预制木结构,对芝加哥和旧金山的城市发展影响巨大。由于适应了当时的社会条件,不断发展的技术革命与更有效的建造方法使木结构在当今美国装配式建筑中实现了更广泛的应用,并已形成技术成熟的结构体系。美国大部分地区地广人稀,森林资源丰富,客户信赖木结构别墅,而木结构别墅在美国的集成度和工厂化程度也最高,除土地配套设施外,几乎所有结构件与连接件都在工厂进行标准化生产,成套预制好的别墅外墙、楼板和屋顶等半成品被运到工地现场安装,施工现场几乎没有湿作业,也没有太多的建筑垃圾。

在北美,一幢建筑面积200～300m² 的二、三层木屋(包括内装修),8～12名专业工人仅用一个多月即可完工,稍加个性化点缀就能入住。而其他结构则需要几乎一倍的时间。此外,木结构建筑也易于改造和维修,符合美国国民个性突出的特点。同时北美很多道路可以允许5m宽的木结构整体部件运输,这样工厂便更有可能完成更多工序并提前组装,因此,木结构装配式建筑在北美很多地区成本最低。

北美木结构建筑普及的另外一个原因是设计规范中防火等级严格,如木结构部分不准外露,必须用一定防火等级的石膏板包裹,防止火焰与木构件直接接触。同时,每间木屋都要有报警和喷淋装置,配置消防设备,并设立醒目的标志。

北美低层建筑间距较大,农村民居之间的距离可能远达1km以上,而城市木质房屋之间的距离也超过了 50m,对火灾能够形成有效的阻隔。

2. 钢结构体系

钢结构装配式建筑建造速度更快,在北美有着悠久历史,"9·11"恐怖袭击倒塌的世贸双子塔就是钢结构装配式建筑。钢结构建筑在美国建造市场上占比也较大,近代更多开始出现钢结构与其他结构的混合体系,主要有:

(1) 型钢、轻钢的钢木结构:该结构是在木结构基础上的新发展,以部分型钢与镀锌轻钢作为房屋的支撑和围护,先将钢梁、屋架安装焊接好,再用木材或复合材料等轻型平板做墙板拼装起来。这种建筑不仅美观、重量轻、施工方便、省时、省工、经济,还具有较强的坚实性、防风功能、防震性,以及更好的防虫性、防潮性、防火性、防腐性及可塑性,并具有鲜明的绿色环保概念。

(2) 钢-钢混凝土结构:主要有柱钢-钢筋混凝土体系、预制钢管混凝土体系等。该结构主要用低合金型钢在工厂预制,运到施工现场组装。按美国通用的钢结构规范设计,最大能承受 193km/h 的风速、$7320N/m^2$ 的雪荷载以及规范要求达到的地震荷载,吊车荷载可达 50t,无内柱跨度为 24m～91m,有内柱时,柱网可达 61m/24m,适用于高层、超高层建筑。

3. PC 结构体系

继欧洲之后,美国在 20 世纪 30 年代初期提出装配式混凝土 PC 结构建筑的概念。多年来,美国建筑界致力于发展标准化的功能模块并在设计上统一模数,这样易于统一又富于变化,方便了装配式建筑的生产和施工。目前美国产业化装配住宅的 PC 结构体系主要有:

(1) 嵌板式结构。在工厂生产房屋的各个板面和房顶,然后在施工现场组装,此类建筑比模块式建筑在工地需要更多工时。

(2) 模块式结构。模块式住宅是另一种类型的工厂制造装配住宅。根据设计规格,在工厂里把建筑分割成适合运输的尺寸后,运送到工地组装。模块式住宅包括成套装配住宅、圆屋顶装配住宅等。此类装配式建筑在工地需要的工时较多。

(3) 剪力墙结构。指主要受力构件剪力墙、梁、板部分或全部由预制混凝土构件(预制墙板、叠合梁、叠合板)组成的装配式混凝土结构。特点是产业化程度高,预制比例可达 70%,适用于中、高层建筑。

(4) 框架-剪力墙结构。该结构是在框架结构中设置部分剪力墙,使二者结合起来,取长补短,共同抵抗水平荷载,基本上水平力(风力,地震力)完全由剪力墙承受,梁柱只承受垂直力,而梁柱的接头在梁端不承受抗弯扭矩,简化了梁柱结点的设计。这是一个与现浇不同的结构体系,在美国的产业化程度高,施工难度高,成本较高,室内柱外露,但内部空间自由度较好,适用于高层、超高层建筑。

(三)北美地区预制混凝土重要特点

在北美,预应力被广泛应用到各个体系,利用预应力增加板、梁、墙的跨度,简化结构技术,提供更大建筑空间,降低成本,缩短工期,增加经济效益,而美国大多预制工厂也都至少拥有一条板、梁、墙、柱的预应力长生产线。北美混凝土的一个重要特点是双 T 板和 SP 预应力空心楼板的应用,标准化程度高,可以灵活应用于大跨度,空间更加灵活分割。

1. 双 T 板的应用

一般宽度 2.4m～4.5m,高度 0.61m～0.86m,应用于商业及工业建筑为主,如遍及北美的大量立体停车库。

图 2-4　北美地区双 T 板停车库

图片来源:http://www.precast.com.cn/index.php/subject_detail-id-14951.html

2. SP 预应力空心楼板

宽度一般为 0.66m～2.4m,高度 0.1m～0.4m,除商业及工业建筑外,住宅也多有应用,具有跨度长、防火、隔音的优点。

图 2-5　北美地区 SP 预应力空心楼板建筑

图片来源:http://www.precast.com.cn/index.php/subject_detail-id-14951.html

（四）北美装配式建筑市场化、产业化特点

1. 设计标准系列化

北美装配式建筑的大多数标准化设计体系,均由标准化户型模块及标准化交通核模块共同构成。以统一的建筑模数为基础,形成标准化的建筑模块,促进专业化构配件的通用性和互换性。

2. 材料制造工厂化

北美装配产业界把房屋与建筑看成设备,所有屋架、轻钢龙骨、各种楼板、屋面、门窗及各种室内饰材是这台设备的零部件。这些零部件经过严格的工厂化流水线生产,可以保证其质量,组装出来的房屋才能达到功能要求。况且,所有建材在工厂生产过程中,诸如耐火性、抗冻融性、防火防潮、隔音保温等性能指标,都可随时进行标准化控制。

3. 构配件供应市场配套化

北美装配产业界要求构配件的预制化规模与装配化规模相适应,构配件生产种类与建筑多样化需求相适应。

4. 现场施工工艺流程化

北美工厂预制好的建筑部品构件运到现场后,由工人按程序实施工业化组装。例如外立面及主体采用预制装配体系及标准构配件等技术手段,内装采用干式工法、工厂化通用部品构件等技术手段,大大缩短了生产工期,提高了生产效率,降低了建造成本。

5. 建筑装修一体化

北美装配建筑界正在推行建筑与装修一体化设计,理想状态是装修可与主体施工同步进行。再配合工厂的数字化管理,整个装配式建筑的性价就会提高。

6. 建筑形式多样化

在北美装配式住宅与建筑的设计中,多采用轴线的调整和功能的微调,以实现大开间灵活分割的方式;根据用户的需要,可分割成大厅小居室或小厅大居室。住宅采用灵活大开间的关键是,要具备配套的轻质隔墙,而美国的轻钢龙骨配以复合板或其他轻型板材恰恰是隔墙和吊顶的最好材料。

7. 建筑整体品质优良化

主要强调对综合性玄关、全屋收纳、阳台家政区等进行人性化设计,同时采用环保内装、新风系统、地暖、整体卫浴等工业化新技术,有效提高建筑性能质量,提升建筑品质。

（五）北美装配式建筑产、学、研产业链市场化发展模式

北美装配建筑界的产业链模式，主要是基于各个地区客观存在的区域差异，着眼发挥区域比较优势，借助区域科技优势与市场，协调全北美各地区间专业化分工和多维性需求的矛盾，以产业合作作为实现装配式建筑产业化形式和内容的区域合作载体。

1．第一链：研发

北美研发主体是州专科大学与应用技术大学、专业研究机构、学会与协会研究组织、企业与公司研发部门和实验室。美国在装配式建筑领域的技术和产品研发方面一直走在前沿，有很多大学和应用技术大学都与企业保持着紧密合作的关系。企业根据自身产品和技术革新需求，向大学提出联合或者委托研究；大学在理论和验证性实验方面具备完整的科研体系，能科学地完成相关科研设定目标。同时还有独立于大学之外的专业商业研究机构，也有深厚的实用性研究的积累，大大促进了装配式建筑产业新技术新产品的发展，很多企业都是联合这些专业机构共同进行方案投标。

美国装配式建筑产业技术研发有一些著名的项目，如美国得克萨斯州立技术大学的装配式门和窗户构件性能试验；美国密歇根州立大学研究的住宅装配建筑物能效设计和建筑技术；美国弗吉尼亚技术学校研发的板式装配设计系统；美国采暖制冷与空调工程师学会（有限）公司研发的低层装配住宅建筑物墙骨架因素的特性描述；美国土木工程研究基金（CERF）研究的绿色装配建筑技术；美国全国建造商协会研究中心（NAHBRC）（有限）公司全国绿色装配建筑项目的开发；美国得克萨斯州立技术大学和工程研究中心的未来模块化装配住宅试验；美国佛罗里达大学与西门伯格中心合作开发的可选择装配式建筑系统技术；美国弗吉尼亚技术学校住宅研究中心研发的住宅建造现场阶段Ⅰ、阶段Ⅱ和阶段Ⅲ装配产业化等项目。

2．第二链：生产建造方面

在传统的装配式住宅与建筑的生产建造环节，北美参与企业大多数为休闲交通设备的制造商，它们从车辆改装开始，拓展至装配式建筑部品构件的生产。此类企业近代主要有两种地区化趋势，一是经过收购，市场份额逐渐向跨区域经营的大型装配建筑总包公司集中；二是大型企业在区域内设立自己的生产基地。

在产业化进程中，这些企业的基本情况如下：

（1）部品构件生产企业。全美参与装配式建筑部品与构件生产的企业共三四千家，提供通用梁、柱、板、桩等预制构件共八大类五十余种产品，其中应用最广的是

单 T 板、双 T 板、SP 空心板和槽形板。这些构件结构性能好,用途广,有很大通用性,也易于机械化生产。这些企业通常按照一定的流水线来生产地板、墙板或者门窗等构配件,同时也生产楼梯、汽车库等建筑组成部分,业务范围从设计到制作,已成为独立的制造行业,并已走上体系化道路。为了竞争和扩大销路,它们立足于品种的多样化;全美现有不同规格的标准模块三千多种,在建筑物施工时甚至不需要砖或其他填充材料。

(2)现场建造与施工企业。在产业化现场施工方面,美国装配式建筑分包商的专业化分工程度很高。据《美国统计摘要》资料,2016 年统计的全美装配式建筑总承包商为 9.76 万家,大型工程承包商为 0.49 万家,而专业承包商则为 3.20 万家。这些装配式建筑承包商的专业分工很细:混凝土工程 0.84 万家,钢结构安装 0.40万家,装配工程 1.33 万家,建筑设备安装 0.13 万家,楼面铺设和其他楼板安装 0.52万家,屋面、护墙、金属板工程 1.38 万家,其他装配式建筑承包商 1.47 万家。这为装配式建筑业实现高效灵活的"总/分包体制"提供了保证。

(3)总包企业。美国装配式建筑总包企业主要由以下企业类型组成:

① 板式建筑生产商:板式建筑是指用工厂生产的预制构配件,包括墙板、屋架和楼板体系等建造的建筑,分通用和专用墙板体系两种。建房者可购买整套预制构配件,并按当地建筑法规建造安装。板式建筑生产商占美国住房生产商的最大份额,并且具有相当代表性。2016 年,全美 2100 家此类企业建造了近 98.2 万套装配式建筑,主要包括 PC 结构,通常通过建筑经销商来销售;木结构,直接或由经销商销售;其他结构体系,如加入轻钢、轻混凝土、加气板材等的建筑产品。

②住宅组装营造商:这些公司通常在大都市中心的郊区建造独户住宅和公寓式住宅楼。美国共有 4900 多个这样的建筑制造商,其中 95% 以上优先生产自己的屋顶预制构件,然后购买其他工厂制造的构件,如预制楼板和墙板等。住宅组装营造商直接将房屋出售给住户,不通过经销商等中间环节。2016 年,住宅组装营造商营造了大约 128.4 万套装配式房屋。

③ 特殊建筑生产商:即生产安装住宅中各种特殊类型的建筑生产商。美国约有 570 家这样的生产商,每年平均建造 1400 个特殊装配式建筑单元。这些生产商既可通过经销商,也可采用直销的方式来销售产品。这些特殊建筑单元不仅用于装配式住宅,还可用于技术要求更高的装配式公共建筑,如学校、办公楼、银行、医院等。

④ 装配式建筑整合商:即整合移动建筑/模块建筑/板式建筑的整合商。这类公司与多个生产商交易,核心业务主要包括工地前期准备、基础设施配套、监理建筑施工等。

以上各类型企业或独立运营或相互配合,拥有一套完善的装配式建筑生产流程,包括以下阶段:

- 合同洽谈及工程设计。
- 工厂生产及加工装配。
- 基础设施及避雷处理。
- 结构施工及屋面安装。
- 内外装饰及设备安装。
- 完工交接。

美国装配建筑界的整个生产建造产业化程度十分成熟,不仅缩短了建筑生产周期,也使装配式建筑的性能得以保证。

3. 第三链:运输

美国各地装配建筑材料的运输一般都外包,全部由专业公司承担,而且运输过程受到高速公路相关条例的严格限制,即时间,日期,每天运送的次数,运载房屋的尺寸、重量等都有严格的限制。承担运输的公司一般同时兼营挖掘、搬运、清理现场垃圾等业务。在旧建筑拆除方面,有几百家小公司专门从事爆破拆除,同时兼营场地平整、托运等项目。

4. 第四链:零售

在北美各地的市场上,装配式建筑的部品构件样式齐全,轻质板材、装修制品以及设备组合构件花色品种繁多,可供用户任意选择。用户可通过产品目录买到所需的产品。这些建筑材料都有配套的施工机具,基本上消除了现场湿作业。特别是厨房、卫生间及电器设备等,近年来逐渐趋向组件化,提高工效、降低造价,便于非技术工人安装。

北美产业化发展装配式建筑产品在零售方面的特点有:

- 产品符合标准,一般通过专业零售渠道进入市场。
- 消费者可以直接选购或个性化定制。
- 直销模式逐渐显露。
- 工厂的产品有 15%～25% 的销售直接针对建筑商。
- 大建筑商并购生产商或建立伙伴关系,大量购买住宅组件,通过扩大规模降低成本。
- 装配式建筑整合商与多个生产商进行交易。

5. 第五链:金融服务方面

北美是一个典型的以财团投资为主的商业经营型产业金融服务市场,产业信贷成为产业发展机制和财团投资的中心,完善和发达的产业信贷系统,有力地支持了许多大中小装配式建筑与建材企业开拓自己的发展道路。

目前,美国产业金融服务市场已发展成为市场体系相对独立和完善的、政府调节的、多种信用交织成网络的、世界上规模最大的产业金融服务市场。但在装配式建筑产业方面,金融服务存在以下特点:一方面,与其他房地产建筑的"不动产"贷款不同,装配式建筑与建材企业的贷款方式更类似于汽车贷款的"动产贷款"。此类贷款一般利率较高而且条件苛刻。另一方面,零售商有时扮演借贷经纪人从中牟利,使消费者不能充分享受装配式住宅低成本生产的优势。

6. 第六链:安装方面

在北美,安装被认定为装配式建筑的最后一道工序。2000年美国国会颁布的《装配式住宅改进法案》,就装配式住宅使用过程中的多项责任,为安装企业及其主管部门提供了法律依据。此外,美国的安装机械设备租赁业较发达。据《美国统计摘要》显示,在装配式住宅与建筑业,美国现有十多家年租金额达20亿美元的安装设备租赁公司。装配式建筑机械租赁业的发展提高了机械的利用率,避免了企业资金占用,推动了装配建筑业的产业化发展。

二、欧洲装配式建筑发展现状

欧洲早在17世纪就出现了初期装配式建筑,也是现代预制混凝土装配式建筑的发源地,其装配式建筑产业化始于20世纪20年代,主要推动因素有两个:一是随着社会经济要素的变化,城市需要以较低造价迅速建设大量住宅、办公场所和厂房等建筑;二是社会在建筑审美方面发生了变化,在《雅典宪章》所推崇的城市功能分区思想的指导下,建筑设计界摒弃古典建筑形式及其复杂的装饰,崇尚极简的新型建筑美学,尝试新建筑材料(混凝土、钢材、玻璃)的表现力。通过建设大规模居住区,促进了建筑工业化的应用。

欧洲近代装配式建筑的繁荣始于第二次世界大战后,因劳动力短缺,欧洲更进一步探索建筑工业化技术和商业模式,无论是经济发达的北欧、西欧,还是经济欠发达的东欧,都在积极推行预制装配混凝土建筑的设计施工方式,积累了许多这一领域的经验,形成各种专用预制建筑体系和标准化的通用预制产品系列,比如编制了二百多部预制混凝土工程标准和应用手册,对推动预制混凝土在全世界的应用起到了非常重要的作用。由于欧盟的建立及后续市场开放的推动,这些体系在近30年中进一步融合,并在满足当地规范标准要求的前提下,结合当地市场个性化需求,变得更加灵活,最终形成符合当地条件、满足当地发展趋势的复合装配式建筑技术。

欧洲的建筑工业化建造技术主要分为三大体系,分别是预制混凝土建造体系、预制钢结构建造体系和预制木结构建造体系。虽然德国是一个典型的代表,但由于欧盟一体化进程,一个巨大的内部统一市场建立了,全球所有的技术体系在这里都能找到自己的身影。

(一)欧洲混凝土装配式建筑体系

混凝土装配式建筑一直是欧洲最主要的建筑体系,由于战后短期内需要建设大量住宅,装配式建筑大板体系最先在东德地区实施。1953 年,在柏林约翰尼斯塔(Johannisthal)进行了预制混凝土大板建造技术的第一次尝试。1957 年,在浩耶斯韦达市(Hoyerswerda)的建设中第一次大规模采用预制混凝土构件施工。此后,东德采用预制混凝土大板技术大量建造预制板式居住区(Plattenbausiedlungen)。同时预制混凝土大板住宅的建筑风格也深受包豪斯简约功能理论的影响。

图 2-6　哈勒新城大板住宅

(图片来源于互联网)

预制混凝土大板住宅的任何一个建设项目,包括建筑设备、管道、电气安装、预埋件等,都必须事先设计完成,并在工厂中安装在混凝土大板里,因此只适合大量重复使用同样户型和类似的立面设计,建筑规划形态缺少变化,且在老城区通常采用推倒重建模式,破坏了原有的城市肌理。大量新建的居住区,导致原有历史街区中的住宅吸引力下降,出租率低,租金无法支持建筑的维护,从而逐渐破败。这使政策制定者重新思考政策,甚至在后期开始尝试用特种预制技术进行老城历史建筑的更新。

如今这样的大板建造技术已经在欧洲大部分地区遭到抛弃,从 20 世纪 90 年代以后,基本没有新建项目应用。取而代之的是个性化的设计,应用现代化的环保、美观、实用、耐久的综合技术解决方案,满足使用者的需求。通过精细化、模数化的设计,使大量建筑部品可以在工厂里加工制作,并且不断优化技术体系,如可循环使用的模板技术,叠合楼板(免拆模板)技术、预制楼梯、多种复合预制外墙板等,因地制宜,而不完全追求高装配率、高预制率。

2012 年在柏林落成的 Tour Total 大厦,代表了德国预制混凝土装配式建筑的一个发展方向。大厦建筑面积约 28 000m²,高 68m。外墙面积约 10 000m²,由 1395个、200 多种、三维方向变化的混凝土预制构件装配而成。每个构件高 7.35m,误差小于 0.3cm,安装缝误差小于 0.15cm。构件由白色混凝土加入石材粉末颗粒浇铸而成,精确、细致、富有雕塑感,使建筑光影丰富、美观耐看。

图 2-7 柏林 TOUR TOTAL 大厦,预制混凝土装配式建筑

(图片来源于互联网)

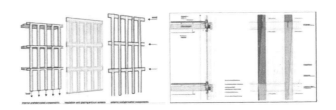

图 2-8 柏林 TOUR TOTAL 大厦,预制混凝土装配式建筑

(图片来源于互联网)

(二)欧洲钢结构装配式建筑体系

1.高层钢结构建造体系

高层、超高层钢结构建筑在欧洲建造量有限,由于消防、噪音、隐私等方面的严

格要求,大规模批量生产的技术体系几乎没有应用市场。同时高层建筑多为商业或企业总部类建筑,业主对个性化和审美要求高,不接受同质化、批量化、缺少个性的建筑,所以近年来,欧洲高层、超高层钢结构建筑都是个性化定制的装配式建筑,每个项目单独设计承重钢结构以及复杂精致的幕墙体系,部件工业化生产后到现场安装建造。

位于法兰克福的德国商业银行总部塔楼是德国为数不多的高层钢结构建筑,钢制构件和金属玻璃幕墙采用工业化加工、现场安装方式建造。

图 2-9   法兰克福德国商业银行总部大楼

(图片来源于互联网)

获得德国 2012 年钢结构建筑奖的帝森克虏伯总部大楼,代表着德国近年来钢结构建筑的一个新发展方向。由于混凝土结构优异的防火、隔音、耐久、经济等性能,以及现代建筑技术能够成熟地利用混凝土优异的蓄热性能来满足越来越高的建筑节能和室内舒适度要求,钢混结构成为德国高层建筑最主要的结构形式。建筑核心筒通常采用现浇混凝土,叠合楼板采用工厂制作加现浇形式,梁和柱采用钢材、钢混或混凝土形式,以满足承载、防火、隔音、热桥等综合技术要求;建筑外墙、隔墙地面、天花板等部品则大量采用预制装配系统。

2014 年落成的欧洲央行总部大楼,体现了德国高层钢结构装配式建筑公共高层建筑近代发展的特点。项目位于法兰克福,高度 185m,采用双塔形式,两栋塔楼之间形成一个巨大的室内中庭,用钢结构设置多层连接平台,布置绿化和交往空间。建筑结构为现浇钢筋混凝土,以满足承载、防火、隔音、热桥等综合技术要求;高性能的全玻璃幕墙、隔墙、楼面、天花板等采用预制混凝土装配系统。

图 2-10　帝林克庽伯总部大楼

（图片来源于互联网）

图 2-11　法兰克福欧洲央行总部大楼

（图片来源于互联网）

2. 多层钢结构装配式建造体系

汉诺威 VGH 保险大楼采用一种模块化、多层钢结构装配式体系建造。由承重结构、外墙、内部结构和建筑机电设备组成。基本构件：楼板 5.00m×2.50m，厚度 20cm（可加厚 10cm），墙板 3.00m×1.25m，厚度 15cm。楼板和墙板由 U 形钢框架和梯形钢板构成，表面为防火板。楼面地面可采用架空双层地面构造。楼板和承重墙板之间采用螺栓固定，并用柔性材料隔绝固体传声。墙板之间可加装窗、门、百叶等。非承重隔墙采用轻钢龙骨石膏板墙体。

汉诺威 VGH 保险大楼采用模块化、多层钢结构装配式体系建造。

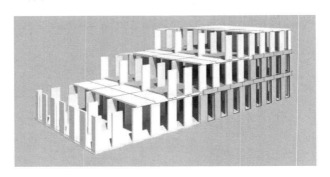

图 2-12　汉诺威 VGH 保险大楼模型图与效果图

（图片来源于互联网）

（三）欧洲木结构装配式体系

木结构建筑在欧洲历史悠久，尤其在北欧的瑞典、芬兰等国家。在瑞典，96% 的独户住宅为木结构建筑，其中 86% 为装配式木结构建筑。

传统的装配式木结构建筑，由于连接的安全性、气密性，以及初期机电设备难以融入木结构部品部件等挑战，很难构建多层和高层建筑，因此现代欧洲木结构为顺应市场,开发了混合体系,如德国 Bruninghoff 集团开发了木钢混或木混结构,结合木材、钢材和混凝土的优点,通过现代化的 BIM 技术及数据化的生产技术,实现建筑的多种可能性。

图 2-13　木钢混结构建筑

（图片由 Bruninghoff 公司提供）

图 2-13 为该集团近期在建的荷兰最高建筑,阿姆斯特丹的"Haut"木混结构项目。项目坐落在市中心的阿姆斯特尔河（Amstel）畔,2021 年 6 月将建成木钢混混合体系的可持续木结构住宅 21 层,高 73m,集个性化、舒适安全为一体。图 2-14 中蓝色部分为混凝土,地下车库和首层由钢筋混凝土制成,楼梯核心筒为现浇钢筋混凝土,支撑结构由木和混凝土组合的叠合或胶合木材结构组成,一层以上的屋顶楼板由叠合木混结构楼板组成,木材和混凝土复合而成的天花板质量直观可见,顶层有两层大开间轻钢结构。

图 2-14　阿姆斯特丹"Haut"木混结构项目效果图

（图片由 Bruninghoff 公司提供）

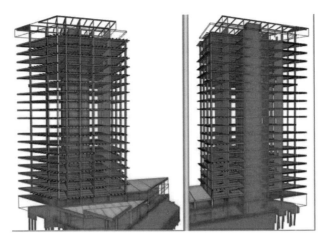

图 2-15　阿姆斯特丹"Haut"木混结构项目 BIM 模型图

（图片由 Bruninghoff 公司提供）

德国今天的公共建筑、商业建筑、集中住宅项目大都因地制宜,根据项目特点实施装配式建筑,综合当地实际需求的个性化 Hybrid 体系已经是流行趋势,即选择现浇与预制构件混合建造体系、钢混结构体系或木混体系建设,并不追求最高比例的装配率和预制率,而是通过精细的策划、设计、施工等各个环节的不断优化,寻求项目的个性化、舒适性、经济性、功能性和生态环保可持续性的综合平衡。随着工业化进程的不断发展,BIM、MES 等数字化技术的应用,建筑业工业化水平不断提升,工厂预制、现场安装的建筑部品越来越多,占比越来越大。

三、新加坡装配式建筑发展现状

新加坡是世界上公认的住宅问题解决得较好的国家,其住宅多采用建筑工业化技术加以建造,住宅政策及装配式住宅发展理念是促使其工业化建造方式得到广泛推广的主要原因。

新加坡建国伊始,政府面临居住、就业和交通三大难题,其中居住问题最为突出,一般家庭无力自行解决住房问题,因而政府进行了大规模的住房建设。为改善居住条件,1960 年 2 月 1 日,新加坡政府成立了建设发展局。1964 年,时任新加坡总理李光耀提出"居者有其屋"的组屋计划。从 20 世纪 60 年代初至 90 年代初,新加坡为中低收入阶层建成 62.8 万个组屋单位,240 余万居民住进这些装配式组屋,占国民总数的 87%。现在,400 万人口的新加坡基本实现了人人有房住,住房主要由政府提供。

随着时间的推移,新加坡已经开发出 15 层到 30 层的单元化装配式住宅,占全国总住宅数量的 80% 以上,这些单元化住宅通过平面布局、部件尺寸和安装节点的重复性来实现标准化,并通过以设计为核心实现工业化,装配率达到 70% 以上。

（一）新加坡装配式组屋的发展及特点

预制装配式混凝土结构体系在新加坡应用非常广泛,始于 20 世纪 70 年代。到了 20 世纪 80 年代,随着住房需求的增加,该结构体系迅速推广,在 20 世纪 90 年代后期已进入高装配率阶段。新加坡政府积极推广该体系,并出台相应的鼓励政策促进其发展。新加坡建设发展局每年投资几千万新元,对该体系的关键节点技术进行研究、开发,技术成熟并形成标准后,再鼓励企业进行预制装配式结构的设计和施工,这使新加坡建筑工业化水平得到迅速提高。新加坡建造的一幢 50 层住宅楼——达士岭组屋,预制装配率达到 94%。

预制模块

该体系包括预制剪力墙、楼板、梁、柱、卫生间、楼梯、垃圾槽等。由于标准化和重复程度高,工业化建筑方法具有较高的生产率。与相似建设规模的传统设计相比,项目的建设时间从 18 个月缩短到 8～14 个月。同时,预制构件的大规模使用,使这些项目的建造成本与传统建筑方法相比具有较大优势。同时新加坡对工业化建筑技术也进行了

施工中的达士岭组屋

及时评估,结合新加坡建筑的具体情况,决定进一步采用预制混凝土组件,如外墙、垃圾槽、楼板及走廊护墙等,进行组屋建设,并配合使用机械化模板系统。另外,随着建筑工业化项目的发展,建设发展局把重点从大规模的工业化转向灵活小批量的预制加工,预制混凝土构件,如垃圾槽、楼梯,开始越来越多地应用在建设发展局的公共项目中。随着预制技术优越性的显现,私人部门也开始越来越多地运用工业化的建筑技术,如新加坡组屋的几乎

避难功能的储藏室

图 2-16　新加坡装配式组屋

（图片来源于互联网）

每个户型都有兼具避难功能的储藏室,面积约为传统避难空间的两倍。

根据新加坡官方统计,这种工厂化生产、现场装配的住宅,可以使建造过程中的资源利用更合理,与现浇技术相比,现场建筑垃圾减少83%,材料损耗减少60%,可回收材料占66%,建筑节能65%以上,住宅的性能质量更优,精度偏差以毫米计,同时项目开发周期比传统方式缩减75%,实现了省时、省工、省钱,还无污水、无噪音、无粉尘,更加符合绿色、低碳、节能、环保的要求。

（二）新加坡装配式组屋的设计特征

1. 装配式组屋的外立面

新加坡组屋建筑的外立面看上去非常整洁,多采用内嵌式空调机位和晾衣架等,把功能性设施与外立面有机结合起来。在小区内部,住宅楼多为南北朝向,采用类行列式布局,基本沿道路布置,通常以较多的叠拼单元形成舒展的群落空间,从而削弱了高层建筑带来的压抑感。

组屋一般采用塔式和板式的多层或高层,较早的有5～6层,新建的一般13～14层,层高大多为2.7m左右。组屋住宅建筑外立面大多采用物美价廉的涂料,极少使用面砖等相对昂贵的材料。但外墙颜色极为大胆,红、黄、绿、紫,应有尽有。首先,从经济的角度考虑,以组屋为代表的公共住宅是政府"居者有其屋"计划的一部分,售出价格普遍低于市场价格甚至低于建筑成本;其次,外墙使用涂料易于翻新,建设发展局的组屋每5年对整幢楼房的外墙、走廊、屋顶、楼梯间等公共场所进行一次维修和粉刷。重新粉刷时可以改变颜色和图案,使整座小区焕然一新,增强社区趣味性的同时,也激发居民对环境的热爱。

2. 组屋底层架空

底层架空是新加坡公共住宅极具特色的形式。由于气候终年炎热,地面的架空层一方面可以提供不暴露在阳光炙烤下的公共活动场地,并为未来底层商业再开发留下了空间;另一方面解决了住宅的通风、遮阳、避雨、防潮等问题,又使得住宅的底层显得通透和舒畅,形成良好的视觉效果。此外,开敞的底层平台还可以享受绿化空间的渗透,给在底层活动的老人、儿童创造赏心悦目的环境。有的空间还可用作服务设施(如幼儿园、小商店、居委会、健身房等服务管理性用房)。同时由于公共住宅大多采用高密度板式高层建筑形式,将人体正常视线高度内的底层架空有利于开敞视野,通过盖遮棚和连接走廊,也可以减轻高楼对人的心理压力。

（三）典型案例：新加坡达士岭组屋——前卫的公共住宅

随着生活水平的提高，新加坡组屋已经不光是为了解决基本的居住问题，还在向着宜居方向发展。达士岭组屋是新加坡最壮观的装配式组屋。其基址曾是新加坡丹戎巴葛区第一个公共住宅开发项目所在地，曾经矗立着两座建于20世纪60年代的长方形组屋，也是这一区最早期的组屋。2001年8月，新加坡政府宣布将对位于城市中心丹戎巴葛、面朝大海的两座组屋进行重建，建设发展局不再局限于本土的建筑设计方案，而是将视野扩展到全球范围，为达士岭举行了新加坡史上第一次全球建筑竞赛。最终入选的是ARC建筑事务所的"空中花园走廊"设计。在房屋外观上，设计师选用了"电源插座式"的构思，即在一套组屋的若干窗户上，分别设计凸式落地窗、有绿色植物的落地窗和阳台等不同结构，使之看起来像一个电源插座上功能不同的若干插头。为了节省成本，外墙材料仍然采用涂料，灰白两种颜色，简洁而前卫。由于阳台和开窗的变化，建筑运用简单的模块形成丰富的效果，整体给人极大的美感。

2009年12月，七座摩天大楼矗立海边，由于土地面积太小，地面公园不可行，而居民在日常生活中又需要大量的空间和绿色，便用天桥把"空中花园"连了起来。"摩天组屋"在26层拥有600m长的跑道，可供居民日常跑步健身，而在50层，即顶层，则拥有一个步行区域。此外，七栋建筑被连接起来之后，很多设施可以交替使用，减少了公共设施的整体数量，留出了更多的空间。达士岭组屋所在的区域，不仅是新加坡的金融中心，也是繁忙的丹戎巴葛港的所在地，站在"摩天组屋"上，不仅能够将新加坡一览无遗，也能够看到圣淘沙岛和周边的海景。新加坡政府把这个黄金地块拿出来发展政府组屋，表明其未来仍然会大力推行政府补贴的居住模式。为了达到设计的目的，组屋突破了许多标准和建筑条例。

图2-17　新加坡达士岭组屋
（图片来源于互联网）

图2-18　新加坡装配式空中花园
（图片来源于互联网）

（四）新加坡政府的行业政策导向

1.价格根据家庭承受能力而定

1966年,新加坡政府颁布的《土地征用法令》规定,由政府通过划拨国有土地进行公共住宅的开发建设,且政府有权在任何地区征用私人土地建造组屋,还可以调整被征用土地的价格,确定后不受市场影响。新加坡用地结构中,居住用地占比最高,建设发展局以低于市场价格的土地进行组屋建设,政府根据中低收入家庭的支付能力来确定组屋的销售价格,而不是依据成本进行定价。此外,建设发展局经批准后还可发行债券来资助组屋计划的实施,保证中低收入家庭负担得起组屋的价格。

2.自住为主,严禁炒卖

20世纪60年代,新加坡政府制定并实施了《建屋与发展法》,同时还颁布了《建屋局法》和《特别物产法》等,从而逐步完善了住房法律体系。政府采取了一系列措施严格限制炒卖组屋。建设发展局的政策定位是"以自住为主",限制居民购买组屋的次数。新的组屋在购买5年之内不得转售,也不能用于商业性经营。如果实在需要在5年内出售,必须到政府机构登记,不得自行在市场上出售。一个家庭只能拥有一套组屋,如果要再购买新组屋,旧组屋必须退出来,以防投机多占,更不允许以投资为目的买房。由于严格执行了上述措施,新加坡政府有效地抑制了"炒房"行为,确保了组屋建设健康、有序地进行。

3.政府资金支持

资金方面,新加坡政府以低息贷款形式给予建设发展局支持,通过财政预算维持组屋顺畅运作。由于售价远低于市场价格,建设发展局由此产生的亏损,核准后每年由财政预算进行补贴。

四、日本装配式建筑发展现状

1968年日本就提出了装配式住宅的概念,1990年推出采用部件化、工业化生产方式、高生产效率、住宅内部结构可变、适应居民多种不同需求的中高层住宅生产体系。在推进规模化和产业化结构调整进程中,住宅产业经历了从标准化、多样化、工业化到集约化、信息化的不断演变和完善。

日本的主体结构工业化以预制装配式混凝土PC结构为主,同时在多层住宅中也大量采用钢结构集成住宅和木结构住宅。

日本的 PC 结构住宅与国内的发展情况存在差异,经历了从 WPC(PC 墙板结构)到 RPC(PC 框架结构)、WRPC(PC 框架-墙板结构)、HRPC(PC- 钢混合结构)的发展过程,具体的发展如图 2-19 所示。

图 2-19 日本预制建筑协会出版的相关 PC 技术手册(总论、WPC、WRPC、RPC)

(图片来源于互联网)

(一)日本装配式建筑结构体系

1. WPC 结构体系

日本的 WPC 体系主要由 PC 墙板组成结构的竖向承重体系和水平抗侧力体系,PC 墙板与 PC 楼板之间,以及 PC 墙板自身之间,采用干式连接或半干式连接。WPC 体系作为一种简易连接的 PC 结构体系,在日本主要适用于 5 层及以下纵横墙布置均匀的住宅类建筑。它是日本工业化住宅早期发展的主要结构形式之一,目前已经较少采用。

2. WRPC 结构体系

日本在 WPC 工法的基础上,结合 PC 框架及湿式连接节点,研发出了带预制墙板的 PC 框架-墙板体系(WRPC),主要运用在 6~15 层的公共住宅中。由于采用部分 PC 框架代替了 PC 承重墙,其建筑平面布局更加灵活,同时由于采用湿式连接节点,其整体结构的安全性、抗震性能及适用高度都有所提高。

为适应建筑平面布局变化和 PC 结构体系特点,其采用的 PC 框架柱通常为扁平型的壁式框架,PC 墙板可以是单向布置,也可以是双向布置。

3. RPC 结构体系

由于日本建筑结构的设计方法及如下特点,日本目前在住宅 PC 结构中大量采用 PC 框架体系(RPC)。

(1)由于框架结构延性好,抗震性能好,结构受力明确,计算简单,日本的混凝土结构自身以钢筋混凝土框架结构为主。

(2)由于填充和围护结构大量采用成品轻质板材,且板材与主体结构之间采用柔性连接,日本的混凝土框架结构在地震作用下的层间变位限值要明显大于中国;同时,结合高强混凝土、高强钢筋及建筑减隔震措施的运用,日本的混凝土框架结构可以运用在高层或超高层建筑中。

(3)日本的住宅一般为精装修交房,且大量采用 SI 内装工业化体系及集成化内装部品,因此框架结构自身的梁、柱对建筑户型影响较小。

(4)PC 框架体系在等同现浇的设计思路下,构件的加工和现场安装施工相对其他体系而言要简单方便。

4. HPC 结构体系

虽然目前日本的 PC 结构体系以 RPC 为主,但日本的各大建筑企业在此基础上均研发了一些具有各自技术特点的其他 PC 工法体系,其中 HPC 工法就是一个典型案例。HPC 工法是将钢结构与 PC 结构融合的 PC 工法,结合了预制混凝土结构和钢结构的优点,广泛运用于办公类建筑中。

(二)日本 PC 构件企业的主要特点

(1)日本的 PC 构件企业均隶属于各大建筑承包商,大型承包商一般均具有设计、加工、现场施工和工程总承包的能力,能够建立自己独立的体系和标准。

(2)日本的 PC 构件企业有自己的研发机构和技术研发人员,通常会研发具有自己知识产权的工艺工法,从而达到提高质量和工效、降低成本、缩短工期的目的,从而形成自身的竞争优势,提高产品的技术附加值和企业的盈利能力。

(3)由于大量采用 PC 框架梁、柱等构件,日本的 PC 构件加工厂大部分采用固定台模的生产工艺,基于日本工匠精神的工人团队,在生产方面更偏重于提高质量和工效,对生产速度、生产规模等方面的追求相对不强。这也与日本自身的岛国建筑规模和市场特点有关。

（4）由于生产规模和市场需求有限，日本的 PC 构件企业在质量、技术含量等方面着力较多，通过提高附加值的方式增加盈利。而一些技术含量较低、可大规模流水线生产的构件，比如叠合楼板等，则有专门的 PC 构件厂生产。

日本的现场施工方式较为先进，这得益于日本建筑行业在建筑工业化技术体系和工法方面的积累。工地现场施工的严格管理和工人素质的培养，使日本的建筑工业化行业整体发展比较稳健，构件和建筑质量高；成本控制合理，而且建筑工业化技术广泛应用于商品住宅和公共建筑中，取得了良好的口碑，客户愿意以高价购买。

目前日本已经可以通过建筑工业化方式，使用预制梁柱等建筑结构构件建造高度 200m 以上的超高层住宅工程。这种工程一般均是框筒结构，并设有隔震或减震层；工程项目制定详尽合理的进度计划且执行严格，在标准层以上，一般保持 4 天一层的工程进度；使用的预制结构构件对混凝土强度有强制要求，均为超高强度的混凝土；PC 构件须经权威机构认定；工程构造方案则须经日本国交通建设省审查通过。如藤田公司在东京新宿区的 60 层超高层工业化住宅地下工程，必须使用工厂预制的超高强度的柱梁，现浇反而达不到工程要求。

图 2-20　日本 PC 建筑设计图

（图片来源于互联网）

图 2-21　日本 PC 建筑施工现场

（图片来源于互联网）

在日本超高层住宅工程中,需要向业主方交付的是成品住宅,并且需要提前与业主方充分沟通,充分领会业主方关于工程的各项意图及要求,工程项目的建筑和装饰装修一体化设计由施工建造总承包方全权负责,工程总造价通过合同约定由施工建造总承包方一次性包死,工程建设盈亏风险由施工建造总承包方自负。

图 2-22　Tokoyo Tower PC 建筑施工
（图片来源于互联网）

（三）日本 SI 体系和内装工业化

日本 SI 体系将主体结构和内装工业化有机统一了起来。除了主体结构工业化外,内装工业化也是日本建筑工业化非常重要的组成部分,内装部品丰富多样,系统集成技术水平很高。

日本的 SI 技术体系,即主体结构和装修、管线全分离的形式,通过结构降板、架空地面、局部轻钢龙骨隔墙／树脂螺栓内衬墙、局部吊顶的形式,将所有管线从结构体和地面垫层中脱离出来,便于室内管线的改造、维护和修理,解决了主体结构和内装部品及管线使用年限不同造成的重复装修和建筑浪费,同时实现了装修的全干式工法作业,提高了施工精度和质量,实现了装修的部品化和产品化。

日本在借鉴欧美成功经验的基础上,探索符合自己预制建筑的设计施工方法,结合本地环境、市场和人才供给条件,在预制结构体系整体性抗震和隔震设计方面取得了突破性进展。具有代表性成就的是日本 2008 年采用预制装配框架结构建成的两栋 58 层的东京塔。同时,日本的预制混凝土建筑体系设计、制作和施工的标准

图 2-23　内装工业化住宅施工现场

（图片来源于互联网）

规范也很完善，目前使用的有《预制混凝土工程》（JASS10）和《混凝土幕墙》（JASS14）。日本一幢 100 户的 5 层住宅，采用传统方法的建设工期为 240 天，若采用装配式建筑，只用 180 天就完工了。

五、全球装配式建筑发展综述

大力发展装配式建筑技术是我国建筑业科学发展的趋势，而发达国家比我国提前发展几十年，有很多经验和教训值得我们借鉴。在对标学习的过程中，需要综合考虑中国的实际情况，分析并仔细甄别重点学习的对象。

北美市场是完全的自由市场经济，以工业化水平为基础，各产业发展协调，劳动生产率高，产业聚集，要素市场发达，国内市场大，同时地广人稀，经济运转速度很快。典型的代表国家为美国，因为拥有美元和世界军事霸权，所以可通过安全低成本在全球配置资源，"大""快""市"的特点决定其装配式建筑以效率优先为目的，而不是资源使用效率优先，这直接影响了建筑建设的方式和水平。美国装配式建筑的部品部件的标准化、系列化、专业化、商品化、社会化几乎达到100％。不仅主体结构的大型构件实现通用化,而且各类制品和设备也实现了社会化生产和商品化供应。各种工厂生产的活动房屋及成套供应的木框架或混凝土结构的工厂化构配件,以及轻质板材、室内外装修及设备等产品达几万种,用户甚至可以通过产品目录,从市场上自由买到所需的产品,DIY自己的建筑。同时,这些构件结构性能好,用途多,通用性大,易于机器生产。北美的装配式建筑整体上以可持续的木结构和钢结构为主,混凝土结构也大量应用在大型工业和商业建筑上,如双T板结构工法的应用。其市场化的标准产品系列化和部品部件的商品化探索值得中国借鉴。

日本作为中国的近邻,由于人多地少,资源匮乏,自古就有精细化利用资源的文化精神,近年来在这方面成为中国学习的对象,但其本土建筑市场封闭,市场竞争并"不激烈"。因国民性文化不同,日本本土竞争主要是技术进步的竞争,客户对成本没有太多苛刻要求,愿意为技术进步、质量提升而买单。因此,很多中国企业在学习日本时,惊叹其工艺工法的精美,却无法真正复制到中国。日本企业的很多创新是在其国民精益文化特点的基础上,使用复杂工法,通过大规模高水平工人团队实现的复杂技术组合,其他国家很难实现。这种现象有些学者称为是中日之间"文明趋同,文化存异"现象,需要我们特别关注。

新加坡在李光耀政府和有限市场的战略指导下,短短几十年的时间便步入发达国家的行列,其建筑工业化已经和智能建筑及可持续绿色建筑融合。2005年,新加坡只有17栋装配式建筑拥有建设发展局(BCD)绿标,而2016年已经有2823栋装配式建筑占所有建筑的31％,但新加坡的建筑工业化几乎都是政府主导,产品定位是以人为本,所以注定会采取非常保守的结构体系和标准规范,最终推动复杂体系和建筑工业化整体成本上升,而这些成本需要大量政府补贴,中国这样的大国很难直接学习。

欧洲的发展和中国目前的情况比较类似,市场在资源配置上起主导作用,即市场竞争非常激烈,但地方政府之间也在积极竞争,表现形式之一是很多地方政府会在建筑工业化公司进行技术研发时给予补贴,比如超低能耗建筑或者新型建筑体系新技术的开发;但欧盟又通过统一的技术标准,给每个参与国家的技术工法体系都提供平等的市场竞争机会,使全世界的技术体系都在这个市场上有所展示。同时,欧洲的气候环境和中国比较类似,从高地震带的希腊、土耳其和意大利南部地区,到低地震带的德国、奥地利,气候带也从寒冷的北欧地区到亚热带的地中海地区,因此建筑风格迥异,更适合以整体和中国对比。而且,欧洲人口密度大,需要发展更低能耗和更可持续的装配式建筑。欧洲装配式建筑经过充分竞争,目前市场以混凝土装配式体系为主流,能更好地替代现浇混凝土建筑体系。

中国建筑施工通过 40 年的市场化发展,主要留下了混凝土体系和一定量钢的结构体系。2018 年,中国全年建筑使用 10 亿 m³ 混凝土,占全世界使用量的 50%;装配式建筑新开工面积约 2.9 亿 m²,占新建筑比例的 11%,其中装配式混凝土建筑约 1.9 亿 m²,占比约 65%。所以中国的建筑工业化,主要指以钢筋混凝土为结构的建筑工业化。

目前,欧洲混凝土装配式建筑技术体系经过六十多年的市场化发展和完善,在生产方式上也紧跟工业化发展,实现了高自动化的柔性生产,生产效率和建造成本全球领先。因此,有必要对欧洲预制装配式技术进行系统研究,并结合国内装配式建筑技术发展的需求进行吸收和融合。在系统学习欧洲预制装配式技术体系的同时,简化构件加工和现场施工,提高构件厂加工的自动化程度,降低成本,提高项目实施质量,最终形成一套适合中国装配式建筑技术发展的高度工业化生产的技术。欧洲同时也是世界上建筑能耗降低幅度最大的国家,近几年节能可持续建筑非常流行,从大幅度节能建筑到被动式建筑,都和装配式技术充分结合,值得我们学习。

第五章

欧洲建筑工业化成功发展带来的启示

1896 年上午 9 点，大清帝国直隶总督兼北洋大臣李鸿章在纽约华尔道夫饭店接受《纽约时报》采访时说："最使我惊讶的是快速建成的 20 层或者更高的一些摩天大楼。"彼时美国摩天大楼还主要是工业化钢结构的大楼。

五十多年后的新中国，我们开启了自己的建筑工业化 1.0 阶段，而且在 1953 年的过渡时期总路线中，梁思成先生就提出了建筑三化：标准化、工业化、多样化。这个观念起点很高，在今天看来也非常具有前瞻性。但由于种种原因，三化基本上只完成了千篇一律的标准化；我国 1.0 版的建筑工业化在 1976 年唐山地震后，由于漏水、结构安全等质量问题，也由于现浇体系的崛起，发展基本停滞，直到 1996 年后才在国家提倡的建筑产业现代化的口号下缓慢起步，到了 2016 年，在中共中央、国务院 62 号文的号召下，开始迅速发展。

我国在建筑工业化停滞期间，一直没有停止对其市场化的努力和探索。到了 20世纪 80 年代中期，基本上从 1.0 阶段走向了 2.0 阶段，即从手工操作到自动化生产，从标准化设计到个性化模块式设计，从预制构件生产修建建筑，到一体化设计营造建筑，以市场化为基础的高效建造模式，此时的欧洲基本实现了我国在一五期间提出的三化的升级版，即模块标准化、高效工业化、个性多样化，构件的重复率平均只有 1.1 比 1，即几乎没有相同的构件生产，通过打通数据化的建筑工业化，效率质量同时提升，推动成本的下降；到了 90 年代，建筑工业化走向更高的 3.0 阶段，即 BIM设计信息和 MES 生产信息的融合，进一步提高一体化建造的效率，同时工业化建造能够以更低成本满足逐渐提高的个性化要求；进入 21 世纪，由于大数据技术的积累及发展，个性化的工业化建筑在欧洲得到进一步发展。

由于发展阶段不同，对比欧洲发达国家的建筑工业化运作模式和发展状况，会给我们的决策带来一些帮助，比如德国在 2008—2018 年期间，全部新建建筑的30%～40%是使用工业化方式建造的，同时混凝土 PC 结构也是其主要的建筑工业化体系。这个 30%～40%的新建建筑占比，正是我国在"十三五"报告中阐述的在

2030—2040 年实现的目标,所以有比较现实的意义。

到 2018 年年底,德国总人口 8229 万,约有 300 家预制 PC 生产工厂,大约分布量为每 $1000km^2$ 面积 1 座工厂,实际每年生产制造 2 千万 m^2 的装配式工业化建筑,工人人均一天能够生产 $10m^3$ 混凝土,行业从业人员共约 4.5 万人,从事 BIM 设计、生产及安装等工作,2018 年总产值 54 亿欧元。按照这组数据简单推算,中国如果实现十三五规划中 30%～40% 的新建建筑即 6 亿 m^2 的装配式建筑,大约需要 8000 座现代化工厂,仅需从业人员 120 万,而截至 2018 年,中国拥有建筑工业化的规模化 PC 生产工厂约 2000 个,从业人员约 70 万人,人均能够生产 $0.5m^3$ 混凝土,效率提高潜力巨大,学习空间巨大。

综上,欧洲已经走完了建筑工业化的一个完整周期,参考其发展历程中的问题和教训,吸收其精华,结合中国的比较优势,可能更快发展出一条中国特色的建筑工业化道路。

一、欧洲建筑工业化发展阶段分析

(一)装配式建筑在欧洲的早期发展

1824 年,英国人 J. Aspdin 发明了波特兰水泥,1884 年,德国人 Wayss、Bauschingger 和 Koenen 等提出了钢筋应配置在构件中受拉力的部位和钢筋混凝土板的计算理论,钢筋混凝土结构随后在建筑、工程等领域得到应用,由于它的坚固耐用和经济性,一百多年来,在各种工程领域都得到广泛应用。

约瑟夫·莫尼尔(Joseph Monier)于 1867 年发明了钢筋混凝土的专利技术,而后混凝土构件很快得到了广泛的应用。与现浇混凝土技术相比,预制构件在质量、速度、健康、安全等诸多方面有着巨大优势。

欧洲建筑工业化起源于 20 世纪 20 年代,这之前的欧洲建筑通常呈现为传统建筑形式,套用不同历史时期形成的建筑样式,特点是大量应用装饰构件,需要大量人工劳动和手工艺匠人的高水平技术。随着欧洲国家迈入工业化和城市化进程,农村人口大量流向城市,需要在较短时间内建造大量住宅、办公楼和厂房等建筑。标准化、预制混凝土大板建造技术能够缩短建造时间,降低造价,因而应运而生。

德国最早的预制混凝土板式建筑是 1926—1930 年间在柏林利希藤伯格-弗里德希菲尔德(Berlin-Lichtenberg,Friedrichsfelde)建造的战争伤残军人住宅区。该项目共有 138 套住宅,为两到三层楼建筑,如今的名称是施普朗曼(Splanemann)居住区。该项目采用现场预制混凝土多层复合板材构件,构件最大重量达到 7 吨。

图 2-24　德国最早的预制混凝土结构柏林施普朗曼居住区

　　装配式建筑在这个阶段主要采用实心构件装配系统,连接技术采用灌浆、焊接和螺栓的方式,该系统的优点是快速经济,易于设计施工,但也有局限性,如连接部分抗震能力验证不足,从更经济的角度出发,需要生产更大型的预制构件,但当时的运输、起重及施工设备却难以匹配。

　　两次世界大战使城市遭到破坏,大量难民的回归,使战后欧洲的住房严重短缺;同时,20 世纪 50 年代科技的日新月异,极大地推动了欧洲装配式建筑的发展。欧洲采用预制混凝土大板技术体系,建造了大量住宅建筑。实心混凝土构件在工厂内完成生产并运送到施工现场进行安装,解决了快速和低成本制造建筑的问题。

图 2-25　柏林亚历山大大板住宅与德累斯顿大板住宅

　　1972—1990 年,东德地区开展大规模住宅建设,并将建成 300 万套住宅确定为重要政治目标,预制混凝土大板技术体系成为最重要的建造方式,其中 180 万～190 万套用混凝土大板建造,占比达到 60% 以上。如果每套建筑按 60m² 计算,预制大板住宅总面积在 1.1 亿 m² 以上。这期间,东德以装配式建筑开发了大量居住城区,如 10 万人口规模的哈勒新城(Halle-Neustadt);东柏林地区在 1963 年至 1990 年间共新建住宅 27.3 万套,其中大板式住宅占比达到 93%。

图 2-26　柏林住宅整体单元吊装施工图

住宅建设工程耗费了东德大量财政收入,为节约建造成本和时间,东德建设者设计开发出不同系列的标准产品,如 Q3A、QX、QP、P2 系列等。大板建筑在当时的东德受到普遍欢迎,因为整齐划一的设计,可以充分反映人人平等的社会意识形态,同时这些工业化住宅功能也基本合理,拥有现代化的采暖和生活热水系统、独立卫生间,比没有更新改造的 20 世纪初期建造的老住宅舒适。由于东德政府的大量财政补贴,这种工业化住宅租金不是很高,更加受到当地居民的欢迎。

20 世纪 80 年代以后,东德政府开始在一些城市的重要地区,尝试使用大板体系从规划和城市空间塑造方面借鉴传统城市空间布局与建筑设计,打破单调的大板建筑风格。

柏林市中心根达曼市场(Gendarmen market),用复杂的预制大板技术建造具有传统风格的建筑;同类型的罗斯托克市中心,修建了带有传统红砖哥特风格的预制大板式建筑。

图 2-27　柏林市中心根达曼市场与罗斯托克中心建筑

"二战"之后,西德地区也用混凝土预制大板技术体系建造了大量住宅建筑,主要是社会保障性住宅。1957 年,西德政府通过了《第二部住宅建设法》(II. WoBauG),将短期内建设满足大部分社会阶层居民需求的,具有适当面积、设施和可承受租金的住宅,作为住宅建设的首要任务,混凝土预制大板技术以其建设速度快、造价相对低廉而在西德地区也开始大面积应用,虽然在总建设量中占比不高,但估计也有数千万平方米。

在此过程中,大板建筑出现了很多问题,如建筑质量差、缺乏个性等。因此,随着战后欧洲人民生活水平的提高,该体系在欧洲建筑设计和城市规划的后期应用越来越不受欢迎。不少缺少维护更新的大板居住区成为社会底层人群聚集地,导致犯罪率高等社会问题,成为城市更新首要改造和拆除的对象。有些地区甚至已经开始大规模拆除这些大板建筑。但由于这一体系可以通过简单的部件实现完全标准化的设计,快速建起大量的经济适用型住宅,目前欧洲仍有少量建筑个性化要求较低的地区仍在沿用。

(二)装配式建筑在欧洲的进一步发展

20 世纪 50 年代一个重要技术——桁架钢筋技术的出现,以及其 60 年代中期在混凝土构件生产中的应用,成为现代建筑工业化的起点。当时的生产方法非常简单,主要采用固定台模生产方式,起重设备是当时重要的生产工具。投资少,生产工艺简单,因此吸引大量企业进入装配式建筑构件生产领域;而行业的痛点也由此产生:如何优化建筑设计及建造过程?如何减少现场施工工作量并提高建筑物和构件的质量?这个问题一直到 1980—1985 年期间,市场上半预制叠合墙体系(也称双层叠合装配式建筑体系)最终成熟,才得到较好的解决。

20 世纪 60—80 年代逐渐形成的叠合装配式建筑体系,是将工厂高效生产的叠合墙板和叠合楼板运至施工现场,通过现场简单配筋和现浇混凝土进行建筑的整体装配。从建筑结构来看,这种体系非常接近现浇施工方法,但相比之下其模板的费用大大降低。现浇混凝土支模、拆模及表面处理等工作需要的人工量大,费用高,而混凝土预制叠合楼板、叠合墙体作为楼板、墙体的模板使用,结构整体性好,表面平整度高,节省抹灰、打磨工序,相比预制混凝土实芯墙板,重量轻,节约运输和安装成本,因而逐渐获得一定市场份额。有资料显示,混凝土叠合预制体系在德国建筑中占比达到 40% 以上。此外,采用这种装配结构体系,外立面形式比较灵活。由于德国强制要求的新保温节能规范的实施,建筑保温层厚度应达 20cm 以上。从节约成本角度考虑,采用复合外墙外保温或内保温系统配合涂料面层的建筑占比较大。

这种叠合混凝土建筑技术体系首先在小型住宅建设方面得到广泛应用,2015

年占比达到 16％。2015 年 1 月至 7 月,德国共有 59 752 套独栋或双拼式住宅通过审批开工建设,其中预制装配式建筑为 8934 套,主要采用叠合混凝土建筑体系。在此期间,独栋或双拼式住宅新开工建设总量较 2014 年同期增长 1.8％;而其中预制装配式住宅同比增长 7.5％,显示出市场的认可和欢迎。

图 2-28　采用预制混凝土叠合楼板、墙体体系建造的住宅项目
（图片来源于 Prilhofer 咨询有限公司）

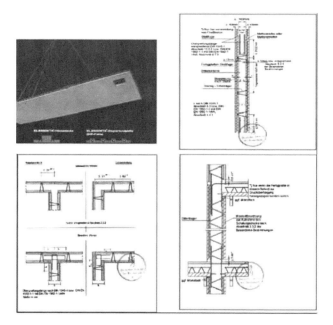

图 2-29　由德国国家建筑技术研究院审核批准的一种混凝土叠合板建造体系的节点构造
（图片来源于 Prilhofer 咨询有限公司）

随着技术的进步,叠合混凝土装配式技术逐渐应用于多层和高层建筑,由于其

结构的柔性链接及工业化对质量的提高,整个体系的欧洲标准出现了从开始的等同现浇到优于现浇的变化。

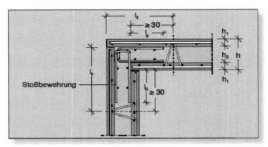

Bild 4.12a:
叠合剪力墙角部结构的加强构造

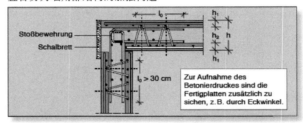

Bild 4.12b:
重载抗折弯的角部结构设计(载荷链接节点)

图 2-30　欧洲叠合剪力墙的重载连接结构
(图片来源:欧洲 Syspro 高品质联盟结构标准)

　　随着 20 世纪 80 年代个人电脑及计算机辅助设计(Computer Aided Design,CAD)软件的普及,产品设计逐渐实现数据化;而后随着可编程逻辑控制器(Programmable Logic Controller,PLC)控制系统的发展,叠合装配式建筑体系越来越多地使用自动化控制进行生产。两方面技术的逐渐融合,实现了 CAD 数据直接用于生产过程的全自动化控制,如绘图机和混凝土布料机的直接连接。CAD/CAM(Computer-aided manufacturing,计算机辅助制造)软件也在此期间诞生,随着数据的打通,循环流水自动生产系统比传统人工方式的生产效率提高了 70% 以上,同时产品的表面和边缘质量得到大幅提升。在此过程中,许多其他自动化机械也被逐步应用于实际生产中,如自动化钢筋生产设备(焊接机)、脱模设备、激光投影设备、混凝土自动布料机和计算机中心控制系统。

　　相比于大板建筑体系,叠合装配式建筑体系不仅在生产的高效性及设计的灵活性上有大幅提升,在整体结构静力学的设计,特别是风载、抗震载荷的计算和设计匹配方面也更灵活。已经有多个国家和地震高发区域系统性应用了基于此体系的解决方案。这些解决方案都具备以下特点：

- 工厂化：大量构件、部品在工厂生产，减少现场人工作业，减少湿作业。
- 工具化：施工现场减少手工操作，工具专业化、精细化。
- 工业化：现代化制造、运输、安装管理，大工业生产方式产业化。
- 数据化：实现 BIM 的全面系统应用，全产业链的现代化。

同时，体系的选择也基于经济性、审美要求、施工周期、功能性（防火、隔音、维护、使用改造的灵活性、冷热舒适性）、环保与可持续性等方面的综合考量。而由于体系上不需大量使用相同的装配式构件，通过精细化设计，装配式建筑也开始能够建设个性鲜明、审美水平较高的建筑。

图 2-31　BIM 为公司带来的前三项好处

（图片来源于 Mcgraw Hill Construction，2013）

到 21 世纪初期,欧洲的建筑工业化已经能够大规模地通过 BIM 数据化建筑设计和施工,并且在实践中取得满意的效果。根据 Mcgraw Hill 建筑公司 2013 年的一项调查,97％的使用过 BIM 的德国公司,认为 BIM 对公司的投资产生了正向价值。同时,很多德国公司认为,BIM 在减少错误、与业主协同及提升品牌认知度方面,使企业得到的好处最大。

同时,BIM 数据通过数据接口自动传输到工厂生产的 MES 系统,建筑设计精度及数据传输精度都大大提高,施工交付时间缩短,如传统的现浇建筑有安装外部模板、固定钢筋、安装内模板和浇铸混凝土、混凝土养护、安装楼板模具、安装边缘和开口处的模板、安装钢筋、楼板混凝土浇筑、拆模、清洁模板、完工辅助工作等 11 道工序,每平方米耗时 8.5 小时,而如果使用工业化方式,如果体系设计得当,仅需要安装墙板、钢筋连接、楼板安装、钢筋连接、浇筑混凝土、拆除支撑、完工辅助工作等 7 道工序,耗时 3.5 小时。得益于此,据欧洲国家统计局,按传统建筑方法,每平方米建筑面积整体耗时 2.25 个工日,而装配式建筑施工仅需 1 个工日,可节约人工25％～30％,降低造价 10％～15％,缩短工期 50％左右。

低成本,高品质,高灵活性,智能化 C-Hybrid 技术通过提高自动化水平,提高了生产效率,人工成本处在极低的水平。以叠合板为例,国内每平方米约20元,德国为1.4欧元。人工工资德国约为每小时300元。

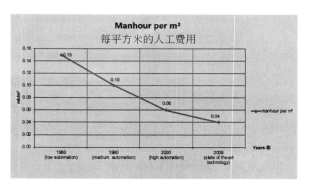

图 2-32 欧洲装配式建筑人工费用下降曲线
(图片来源于作者统计数据)

至此,经过 40 多年的艰难历程,欧洲的建筑工业化才从普通意义的装配式建筑真正走上工业建筑的道路。

(三)智能可持续建筑工业化发展阶段

跨入 21 世纪,欧洲国家越来越多的专家和客户开始关注城市规划和建筑结构及质量的可持续性,建筑工业化在可持续发展方面所具有的明显优势也越来越受到重视。在德国,过去的装配式住宅主要采取混凝土剪力墙结构体系,剪力墙板、梁、柱、楼板、内隔墙板、外挂板、阳台板等构件采用预制混凝土构件,耐久性较好。在此基础上,作为世界上建筑能耗降低幅度最大的国家,德国近几年在装配式建筑上提出近零能耗建筑或被动式建筑,这就需要装配式住宅与节能标准充分融合,在实现绿色建筑的同时,注重环保建筑材料可循环使用的可持续建造体系,也给装配式建筑带来新的创新领域。由于人工成本较高,建筑领域不断优化施工工艺,完善建筑施工机械包括小型机械,减少手工操作。

　　工业化建筑在可持续、个性化、智能化、与环境共生、和谐发展等要求下,总体设计规划变得更加重要,其中的可持续问题,需要考虑不仅仅是建筑的低能耗,还有全生命周期的零碳排放。

图 2-33　柏林 Pulse Stresemann 大街新办公大楼,DGNB Gold,IAA 设计
（图片由 DGNB 提供）

　　同时,设计之初,也会考虑提前在工厂安装智能机电设备,如图 2-34 中德国 Innogration 公司通过预制将智能机电设备提前安装在了建筑楼板中。

图 2-34　德国 Innogration 公司通过预制将智能机电设备提前安装在了建筑楼板中
（图片来源于 Innogration GmbH）

　　在此基础上,欧洲绿色工业化可持续建筑也成为未来可持续社区的重要组成部

分,如维也纳卫星城湖畔城(Seestadt),占地 240 公顷,规划为多功能可持续社区,基于扬·盖尔(Jan Gehl)的理念"making cities for people"("城市为人而建"),90%由装配式近零能耗建筑组成,实现工作和生活一体,2050 年的目标是社区人均温室气体排放量比 1990 年减少 80%。社区规划遵循了几个原则:城市的高密度和休闲区结合,高质量的公共空间,短途城市原则,环保优先的交通原则,可持续优先原则等。整个社区从 2018 年开始全部采用建筑零能耗标准,提高能效,同时使用可再生能源,增加无二氧化碳运输方式,高比例公共交通,减少个人机动车交通,2020 年减排目标为 27 万吨二氧化碳排放,到 2030 年,社区绿地面积仍在 50%以上。

社区规划面积 2 600 000m^2(3903 亩),使用面积 2 400 000m^2(3603 亩),20 000m^2 商场、饭店和零售业,可提供 20 000 个就业岗位,10 500 套高质量住房,只租不卖。2010 年开始,分三期建设,2028 年最后完工,投资额 50 亿欧元。

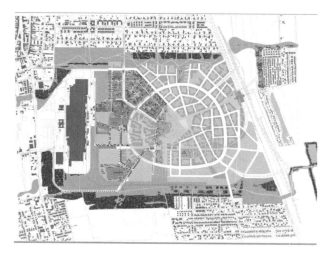

图 2-35　维也纳卫星城湖畔城(Seestadt)

(图片来源于 Prilhofer 咨询有限公司)

此外,由 Siemens AG Austria(44.10%),Wien Energie GmbH(29.95%);Wiener Netze GmbH(20.00%)、Vienna Business Agency(4.66%)、Wien 3420 Aspern Development AG(1.29%)等 5 家公司组建的 Aspern 智慧城市研究有限公司,可进行能源检测和管理,并优化能源的使用效率。

由其承建的社区标志性绿色装配式未来建筑 Aspern IQ,由 DGNB 奥地利分支机构 ÖGNB 审核,在共 1000 项评估中有 974 项得满分。该项目空间可灵活变更,同时可供办公、生产、商业、会议和用餐,共 6600m^2 租赁空间,在技术屋顶上安装

图 2-36　Aspern 智慧城市研究公司的智能能效在线管理框架

（图片来源于 Prilhofer 咨询有限公司）

图 2-37　Aspern IQ 项目及屋顶蜂巢

（图片来源于 Prilhofer 咨询有限公司）

6 个蜂巢，显示其绿色环保可持续的决心，建筑采用加能源被动房方式，安装光伏生产能源，热回收率超过 90％，比传统建筑的能源需求的 80％左右，同时采用生态混凝土及其他对生态无害的材料。

如今的欧洲各国，工业化建筑已经不仅仅应用于社会保障性项目，也参与了越来越多的高端及重大项目，包括大量的高端自建住宅项目，通过各种设计效果丰富混凝土表面，实现了高品质、个性化及工业化速度和经济性的完美融合。

（四）欧洲建筑工业化发展经验给中国的启示

欧洲的建筑工业化已经走完七十多年的历程，其中早期的四十多年都在艰难中前行，这一困难阶段，能够为目前中国建筑工业化过程中的痛点难点提供一些解决思路。

德国早期预制混凝土大板建造技术的出现和大规模应用，主要是为了解决战后城市住宅大量缺乏的社会矛盾。用预制混凝土大板建造的卫星城和城市新区,深受20世纪初以《雅典宪章》为代表的理想现代主义城市规划思潮的影响。《雅典宪章》试图克服工业城市带来的弊病,摒弃建筑装饰,用工业化的技术手段快速解决社会问题,创造一个健康、平等的社会。但人类社会非常复杂,城市发展更加复杂,由于当时规划指导思想的局限性,建筑过分强调整齐划一,建筑单元、户型、建筑构件大量重复使用,造成这类建筑过分单调、僵化、死板,缺乏特色,不够人性化。有些城区成为失业者、外来移民等低收入社会下层人士集中的地区,带来严重的社会问题。

而中国城市建设的高潮已经过去,大量城市建筑需求量接近饱和,没有依靠混凝土大板技术快速、大规模建设住宅的需求;同时,经过深度反思,欧洲已经基本放弃以《雅典宪章》为代表的早期现代城市规划。因此,推动欧洲当年混凝土大板建设的两大动因在当今的中国社会都不存在,即中国已经无法为了追求预制率水平而推广一种没有个性的、标准划一的建设体系,建筑工业化过程中采用完全标准化目前在中国也没有现实意义。

此外,我们需要追问,为什么欧洲需要40年才能建立正确的建筑工业化体系?其主要问题是什么?

1. 生产和施工分离

在装配式建筑领域,欧洲主要有两大类公司:一类主要负责构件生产,另一类主要负责现场装配施工,这与中国类似,而在装配式建筑领域,需要两类企业合作参与建立完整的装配式建筑体系,但由于日常业务分离的现实,导致它们需要持续沟通,效率低而成本高。不同于中国的是,欧洲装配式建筑领域呈现资源分散、小公司众多的状况,无法形成顶层设计的合力,导致属于整个行业的问题长期无法解决。

2. 多体系长期并存

在中国,很多人都知道欧洲的预制装配式建筑主流体系是叠合剪力墙体系,但其发展过程中长期存在多体系并存的情况。在混凝土体系中人们熟知的叠合剪力墙体系之外,大板装配式体系、预应力构件装配式体系以及现浇混凝土体系等多种体系长期并存,这种情况导致建筑生产工业化规模无法扩大,成本低、质量高等工业化建筑优势不能充分体现,甚至在相当长的时期里阻碍了建筑工业化的发展。

3. 标准建立缓慢

在欧洲,装配式建筑标准的建立和完善经历了一个相对缓慢的过程。由于缺少顶层设计和引导,相关标准是在生产实践中逐步摸索并缓慢建立起来的。

4. 非工业化生产方式成本高

欧洲建筑工业化初期采用固定台模等人工或半自动生产方式,并多体系并行生产,成本过高,体系长期发展缓慢。直到 1985 年,通过完善叠合装配式建筑体系,并使之更适应高度自动化的生产模式,才逐步降低工业化生产预制构件的成本,使装配式建筑得到快速发展。

5. 关键材料发展水平制约

装配式建筑的技术发展也受到材料科学发展水平的制约。例如水泥性能、混凝土配合比优化和钢筋网片自动化进入预制生产环节等方面,一直改善缓慢,连接、密封材料的发展进步缓慢,在很长的时间里制约了体系的发展。

6. 安装效率问题

对安全问题,欧洲也曾经长期有片面的认识,如必须采用套筒连接的方式,直接提高了对构件生产、现场装配精度以及对操作和施工人员熟练程度的要求,严重降低了生产和装配效率。通过长时间试验及沟通,叠合装配式建筑体系中采用了搭接连接方式,才降低了生产过程中对连接件精度的要求,大大提高了装配效率。

欧洲的发展,尤其是 20 世纪 90 年代中后期经验,对现阶段中国的建筑市场具有比较大的借鉴意义,因为中国目前人均 GDP 和当时欧洲平均水平相当,大多数地区也告别了经济短缺,建筑工业化体系在住宅和商业建筑领域需要更高品质的发展,如能总结吸取欧洲 40 年来建筑工业化的经验和教训,结合已有的技术基础,如材料和数据信息化领域的最新技术,综合中国自身的比较优势,应该能够更快实现可持续装配式建筑工业化的发展。

通过对欧洲建筑工业化体系发展历程的了解,首先发现建筑工业化体系成功的第一关键因素是顶层设计,即通过系统性的方法在建筑工业化的初始阶段,选择一种适宜自身的装配式工业化建筑体系。中国地域广阔,气候带、地震带多样,各地生活习惯及工业化水平不同,每个地区都应该拥有符合自身特点的建筑工业化体系。但政策不应该鼓励盲目、简单的硬件引进,更不应该在建筑体系建设不完善的情况下,盲目投资硬件,一意孤行地强调单位面积实物资本的投资力度,而忽视技术体系建设和人力知识体系建设。这些"软"知识内容都应资本化,并计算为投资力度。

其次,应认识到工业化建筑体系细节需要逐步完善,无法找到一个适用于所有建筑类型的通用技术体系,而需要针对不同类型的建筑物,开发一套既具备系统性又有针对性的解决方案,这些都需要走出现有管理体系,通过大规模的技术人员协作和整合来实现。

再次,非常重要的是避免装配式建筑体系初期常常遇到的误区,即将装配式和传统现浇施工体系并行,将装配式建筑变成传统建筑逐步提高装配率后的产物。政府仅仅通过制定预制率政策逐步导入装配式建筑体系,会大大增加管理的复杂性,并大幅提高成本，两套不同体系同时用于建筑施工中，就意味着双倍的成本和组织管理投入，对于质量管控和建设速度的提升毫无优势可言。所以，目前政府政策在预制率方面的要求有待探讨，其实践中的效果需要进一步的观察。通过对欧洲教训的总结，实践中更应当把建筑体系看成一个生产工业产品的整体工业化体系，即建筑工程项目在初期就应该选择使用装配式工业化建筑体系还是使用现浇体系，而不是两者并存。

最后，从建筑技术来看，工业化建筑的初期一体化综合规划设计是至关重要的。综合规划应集成城市规划要求、建筑结构设计、生产过程控制和物流、装配条件等所有因素，从而避免日后的重大错误。

20 世纪 60 年代至 90 年代制约欧洲建筑工业化发展的硬件问题，如今中国已经可以突破。目前，中国在绝大多数设备硬件技术、信息化技术、新材料技术等方面的储备，已经远远超过 20 世纪 90 年代的欧洲。而工业化建造建筑的软约束，目前则是困扰中国的主要问题，如何有智慧地发挥我国顶层设计的比较优势，仍然是一个重要课题。

巨大的建筑市场是中国最重要的比较优势，绝大多数地区都在告别短缺阶段，进入个性化需求阶段，如果能够借鉴欧洲类似阶段的建筑工业化技术发展经验，中国完全能够做到可持续装配式建筑的工业化发展。随着中国信息化技术发展的方兴未艾，以及工业 2025 战略的制定，在告别短缺经济和供给侧改革展开的背景下，有理由相信中国能够吸收世界各国在建筑工业化方面的经验，完善顶层设计，利用本国巨大的市场基础，通过 5～10 年的努力迅速打造像高铁一样具有本土化、国际化特色，且与国际接轨、有竞争力的世界级建筑工业化最高技术体系。

二、浅谈寻找适宜中国发展的欧洲技术体系的方法路径

（一）适宜中国目前装配式建筑发展的欧洲技术体系概况

如前所述，由于和欧洲在气候、人口密度、地震带等方面的类似性，梳理欧洲建筑工业化技术对中国有一定的借鉴意义。通过与欧洲建筑工业化联盟（GERICON）、欧洲 Syspro 预制混凝土高品质联盟（SYSPRO）等欧洲建筑工业化权威机构的合作研究，结合中国各地区保障房的户型、房型及目前装配式建筑发展技术需求，经过对安全性、经济性、可行性等方面的分析研究，我们发现，选择欧洲 Hybrid 混凝土装配式建筑体系落地中国是可行的，能够在混凝土工业化建筑领域

形成一些符合中国特色的装配式建筑技术体系。

欧洲 Hybrid 混凝土装配式建筑体系已经进行了多年的技术演化,其基础技术起始于 20 世纪 50 至 70 年代,成形于 80 至 90 年代,已实现建筑设计数据化、生产自动化、高生产效率,而且建筑的单位面积人工成本处在极低的水平,目前在人工智能和大数据技术的推动下,正朝绿色可持续智造的方向继续前行。

图 2-38　比利时 Antwerpen 公寓楼

(图片由作者拍摄)

比利时 Antwerpen 公寓楼项目由多栋公寓建筑组成,每栋 15 层,每层 4 套不同户型,适应不同家庭需求,公寓内部净面积 98m²,占地面积 6.468m²,售价 1700 欧元/m²,制造/施工工人工资 30 欧元/h,混凝土 70 欧元/m³,钢筋 450 欧元/t。项目使用双层墙、实心墙、自密实混凝土、叠合楼板、预应力楼板等部件,使用 Hybrid 工业化建造方式,建安成本 205.48 欧元/m²,215 天完工,如果使用传统的现浇方式,成本测算将达到 281.60 欧元/m²,需要 730 天完工。

Hybrid 混凝土工业化建筑体系是一种灵活的建筑体系,是根据当地气候、地震带、人工成本、运输起重等条件,综合形成的适应客户个性需求,市场化、模块化的灵活建筑工业化体系。它是基于 3 种欧洲主流工业化基础建筑体系形成的,分别为

- 预应力工业化建筑体系;
- 实心墙全装配建筑体系;
- 半预制叠合剪力墙建筑体系。

Hybrid 建筑装配式结构是融合半预制叠合构件(叠合墙板、叠合楼板)、实心预

制构件、现浇构件、边缘约束构件以及预制梁、楼梯、阳台等异形建筑部件而形成的装配式剪力墙结构体系。建筑部件在工厂内采用高自动化的方式生产,现场采用机械化的方式施工,通过普通或自密实混凝土浇筑的方式,使整体建筑结构形成一个有机的整体。

Hybrid 装配式建筑结构体系的主要部品部件包括:叠合楼板、叠合墙板、三明治叠合墙板、实心墙板、三明治墙板、叠合梁、预制阳台、预制楼梯,标准链接系统。

与传统的现浇施工方式相比,欧洲 Hybrid 结构体系便于质量控制,建造速度快,对环境污染小,综合成本低,工业化生产水平高。是欧洲应用最为广泛、最为成熟的绿色装配式建筑体系。简单说,Hybrid 是融半预制叠合构件(叠合墙板、叠合楼板)、实心预制构件及现浇构件于一体的结构体系。

半预制叠合墙板在预制墙板的内外页之间及叠合楼板的上面都使用了桁架钢筋。桁架钢筋由三根截面呈等腰三角形的上下弦钢筋组成,弦杆之间有斜向腹筋相连。桁架钢筋既可作为施工时起吊构件的吊点,又可增加平面外刚度,防止起吊时开裂。在使用阶段,桁架钢筋作为连接墙板的内外页片与二次浇筑混凝土之间的拉接筋,对提高结构整体性和抗剪性能都具有重要作用。

叠合墙板和楼板采用标准化的连接方式,辅以配套支撑,设置与竖向构件的连接钢筋和必要的受力钢筋及构造钢筋,再浇筑混凝土叠合层,与预制层共同受力。预制墙板由两层预制板与桁架钢筋制作而成,现场安装就位后,在双预制层中间用普通或自密实混凝土浇筑,共同承受竖向荷载和水平力作用。

欧洲 Hybrid 体系必须从顶层设计时就考虑建筑整体、施工全过程及建筑全成本,包括所有的传统建造方式可能低估的隐形成本,如脚手架搭建、现场抹灰等,其技术特点总结如下:

- Hybrid 体系源于欧洲三种成熟的基础建筑技术体系。
- Hybrid 体系可以根据客户需求,提供个性化设计的技术体系优化。
- Hybrid 体系需要基于现有环境的施工条件进行经济性分析。
- 最终整体节约 30% 左右的建筑时间,建筑工地现场施工节约 55% 的工作时间。
- 生产全过程可控,减少材料浪费,减少碳排放。
- 质量更加可控,材料消耗更加精确,需要的培训更少。

(二)目标:中国的 C-Hybrid 技术体系

融合研究欧洲 Hybrid 装配式建筑技术体系的最终目标,是形成中国的 C-

Hybrid 体系,所以,我们基于欧洲 Hybrid 技术体系,结合国内实际情况,展开了相关课题研究,试图找到一些在中国应用的可行性。具体做法是结合欧洲 Hybrid 体系中成熟的顶层模块式设计、高自动化智能生产、模块式组装等技术,依据中国现行标准及技术规范,开发出适合中国客户需求的装配式建筑技术,最终满足中国客户使用习惯,能够在中国像造车一样制造完整的工业建筑产品系列。

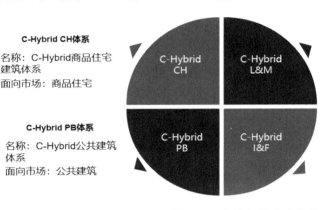

C-Hybrid CH体系
名称:C-Hybrid商品住宅建筑体系
面向市场:商品住宅

C-Hybrid L&M体系
名称:C-Hybrid低层和多层建筑体系
面向市场:低层和多层住宅建筑

C-Hybrid PB体系
名称:C-Hybrid公共建筑体系
面向市场:公共建筑

C-Hybrid I&F体系
名称:C-Hybrid基础设施及相关配套体系
面向市场:地方文化墙、乡村道路、手工作坊、禽畜饲养棚等

图 2-39　C-Hybrid 技术体系
(图片来源于作者原创)

该课题首先选取中国流行的系列保障房房型设计,如万科沈阳、合肥、成都、北京保障房项目,远洋及中国建筑设计院的保障房建设系列项目中的典型建筑设计,与欧洲 Gericon 工业化建筑联盟合作,将欧洲在模块化设计、构件标准化设计方面积累的大量成熟经验直接转化,弥补中国目前装配式建筑产品标准化、通用化、模块化方面积累不足的短板。但课题开始不久,就发现这样的直接转化无法适用于中国现实,主要问题如下:

欧洲的 BIM 技术早已实现设计、生产、施工的信息互联互通,甚至已发展到5D、6D BIM 的应用阶段,即建筑物全生命期数字化管理的阶段,而中国的 BIM 还主要应用于建筑产品展示、管线碰撞验证等较为初级的使用阶段。

欧洲的装配式技术已经做到了成本低于现浇施工方法。以叠合楼板为例,在中国每平方米的人工成本约为德国 2 倍,即国内每平方米人工约 20 元人民币,德国为1.4 欧元(约合 10 元人民币),而德国市场销售价格和中国的生产成本相当。目前装配式技术在国内的应用,并没有产生省工、省时、省钱的效果,反而在很多环节上不仅成本有增量,甚至工期也增长。

欧洲装配式技术主要采取标准化的连接技术,构件的规格能够保证多元化需求和高自动化的生产。而国内虽然也正在从短缺经济逐渐向个性化居住需求转变,但装配式建筑技术在多样化的市场需求下,还没能形成标准化连接体系来适应构件的自动化生产,使得目前体系缺乏市场化的竞争力。

同时,还需进一步研究欧洲 Hybrid 体系在抗震方面的表现,由于中国地域辽阔,抗震设防等级跨度大,抗震研究更加复杂。此外,还有保温、防潮等问题。

三、C-Hybrid 技术体系适宜中国的具体技术可行性研究

(一)C-Hybrid 建筑设计(模块化建筑技术)

在建筑平面图和立面设计过程中,应结合预制构件标准化设计思路,以目前社会对于居住主流建筑需求为出发点,进行装配式建筑的户型设计。

在装配式建筑建设的全过程,应认真贯彻《建筑模数协调标准》,在设计时就应定出合理的设计控制模数系列,按照建筑模数制的要求,采用基本模数、扩大模数或分模数的设计方法。基本模数为 1M(1M=100mm)。

建筑物的高度、层高和门窗洞口高度等宜采用竖向基本模数数列和竖向扩大模数数列,且竖向扩大模数数列宜采用 nM,最小竖向模数不应小于 $\frac{1}{2}$M。

厚度优选尺寸序列为 60/80/100/120/150/180/200mm,高度与楼板的模数序列相关。

构造节点是装配式建筑的关键技术,通过构造节点的连接和组合,可使所有的构件和部品成为一个整体。节点的模数协调可以实现节点的标准化,提高构件的通用性和互换性。

在 C-Hybrid 技术体系中,应根据中国建筑及户型资料,通过研究建筑特点及户型需求,建立典型户型的模块化设计模型。按照现有需求,进行包括一居、两居、三居在内的基本模块户型开发,并通过这三个基本户型设计组合实现四居室、五居室等户型。

最终,就卫生间模块在上下层的空间排布组合、室内净高和局部净高、楼梯模块和踏步参数、电梯井道模块参数和其他模块排布、分户墙和分户楼板部品的空气隔音性能、无障碍设计、公共设备间模块等达成共识后,设计了包括开间、一居室、两居室、三居室、公共空间在内的 5 种灵活模块。

针对欧洲装配式技术如何适应中国建筑设计、载荷计算等方面要求的量化定

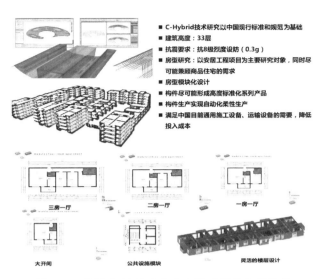

- C-Hybrid技术研究以中国现行标准和规范为基础
- 建筑高度：33层
- 抗震要求：抗8级烈度设防（0.3g）
- 房型研究：以安居工程项目为主要研究对象，同时尽可能兼顾商品住宅的需求
- 房型模块化设计
- 构件尽可能形成高度标准化系列产品
- 构件生产实现自动化柔性生产
- 满足中国目前通用施工设备、运输设备的需要，降低投入成本

图 2-40　C-Hybrid 技术体系中国建筑及户型资料

（图片来源于作者原创）

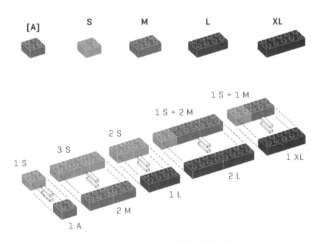

图 2-41　建筑户型设计原理

（图片来源于作者原创）

义，通过组织中国建筑设计研究院、远洋集团、成都建工、北京建工以及沈阳万融等设计、开发、预制生产及施工企业的专家进行大量前期调研及课题期间研讨，中欧云建科技发展有限公司、结合"中欧装欧式建筑技术转移机制和商业研究"的课题成果，对之进行了定义，针对一些具体的技术要求，大量选用了《装配式混凝土结构建

筑技术规范》中的内容。同时为了不使要求过于精确量化而影响了欧洲技术团队创新理念的发挥,对一些要求设定了弹性较大的范围。

具体情况如下:

建筑类型:高层建筑、别墅(新型小镇)

建筑层数:别墅 2～3 层;高层建筑 7～33 层

结 构 类 型	抗震设防烈度			
	6 度	7 度	8 度(0.20g)	8 度(0.30g)
装配整体式框架结构	60	50	40	30
装配整体式框架-现浇剪力墙结构	130	120	100	80
装配整体式框架-现浇核心筒结构	140	120	100	80
装配整体式剪力墙结构	130(120)	110(100)	90(80)	70(60)
装配整体式部分框支剪力墙结构	110(100)	90(80)	70(60)	40(30)

注: 1 房屋高度指室外地面到主要屋面的高度,不包括局部突出屋顶部分;

2 部分框支剪力墙结构指地面以上有部分框支剪力墙的剪力墙结构,不包括仅个别框支墙的情况;

3 当房屋高度超过表中数值时,结构设计应有可靠依据,并采取有效的加强措施。

结 构 类 型	抗震设防烈度	
	6 度、7 度	8 度
装配整体式框架结构	4	3
装配整体式框架-现浇剪力墙结构	6	5
装配整体式剪力墙结构	6	5
装配整体式框架-现浇核心筒结构	7	6

图 2-42 装配整体式结构适用的最大高宽比

(图片来源于《装配式混凝土结构建筑技术规范》征求意见稿)

根据模块化户型,设计适合高自动化生产的构件制品,包括但不限于实心墙板、三明治墙板、叠合楼板、叠合墙板、楼梯、阳台板、空调板等。

将欧洲标准与中国标准结合,引入的标准包括:《装配式混凝土结构技术规程 JGJ1—2014》《混凝土结构设计规范 GB 50010—2010》《建筑抗震设计规范 GB 18306—2015》《高层建筑混凝土结构技术规程 JG J3—2010》《住宅设计规范 GB 50096—2011》《适用于保温和隔音设计、居住建筑节能设计标准(地方标准)》《适用于隔音设计、建筑设计防火规范 GB 50016—2014》。

在结构计算过程中,以一栋 28 层、80m 高、每层面积为 51.2m×14.4m 的高层住宅建筑为研究对象。建筑的所有部分均为钢筋混凝土体系。对所有相关负载进行三维线弹性分析,分析均考虑结构的动力特性,土壤和地震特性也包括响应谱曲线。

图 2-43　建筑平面布局图

（图片来源于作者原创）

将建筑布局转换为居住建筑结构分析的计算模型,如图 2-44 所示。该模型由墙单元和板单元组成,模型中墙体厚度 0.25m,楼板厚度 0.2m,只考虑承重墙,主要是外墙,不同公寓模块间主要由墙板分割,见图 2-45。

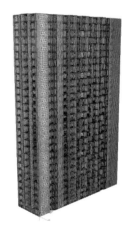

图 2-44　建筑物纵向和横向的剪力墙单元　　　　图 2-45　标准楼层的墙和楼板

（图片来源于项目设计院）　　　　　　　　　　（图片来源于项目设计院）

建筑物内部从顶部到底部的荷载传递发生在墙板和楼板内部。诸如结构的自重,附加静载、动荷载和雪荷载之类的竖向载荷从板式构件传递到墙体构件,再由墙到地。诸如风荷载之类的水平荷载被施加在建筑物的外部结构上。从那里,楼板构件将水平力传递到建筑物的剪力墙中,尤其是建筑物内部没有开口且从上到下连续的剪力墙。所有的计算都是基于 GB 50010—2010《混凝土结构设计规范》中的材料参数进行的计算。混凝土保护层的最小值是在给定表 9.2.1。此外,如果混凝土构件在工厂预制且位于Ⅰ类环境中,且混凝土强度大于 C20(对于所有内部构件而言),则混凝土覆盖层可减少 5mm。

对于构成外部建筑外部结构的构件的混凝土覆盖层,将环境类别选择为Ⅱ,对于基础平板同样也适用此类别。内墙和楼板构件不会暴露在外部天气中,所以选择环境类别Ⅰ是合适的。在下表中,列出了不同构件的具体保护层厚度。

表 2-1　不同构件的保护层厚度

	环境等级	最小混凝土保护层	可以减少的预制件	所有混凝土保护层
基础	ⅡB	25 mm	—	25 mm
外墙	ⅡB	25 mm	—	25 mm
内墙和楼板	Ⅰ	15 mm	5 mm	10 mm

(二)抗震结构设计

在建筑结构设计中,基于弹性地面动态感应波谱来描述地震效应。利用该谱可确定代表住宅建筑地震暴露的准静态等效荷载,其中基本抗震设防烈度为 8 度。根据 GB 50011—2001 表 5.1.4-1 规定,水平地震影响系数最大值 maxα=1.20。

表 2-2　水平地震影响系数最大值 maxα

地震影响	6 度	7 度	8 度	9 度
多遇地震	0.04	0.08(0.12)	0.16(0.24)	0.32
设防地震	0.12	0.23(0.34)	0.45(0.68)	0.90
罕遇地震	0.28	0.50(0.72)	0.90(1.20)	1.40

一般采用简单的底部剪力法(FBD)或较复杂的振型分解反应谱法和时程分析法来分析地震作用。通过对有限元技术的利用,振型分解反应谱法已经非常普及。

世界范围的规范中使用最多的是弹性加速度反应谱。影响反应谱的主要因素包括地震区域、土壤类别、建筑物重要性类别和延性类别。

考虑到各种不同情况,大部分规范是将弹性反应谱转化为了一个近似的弹性设计反应谱。欧洲规范(和美国的 UBC/ASEC7 规范),考虑了结构延性能力在消能中

图 2-46　欧洲地震高危区地图(希腊和土耳其高达 0.5g)

（图片来源于互联网）

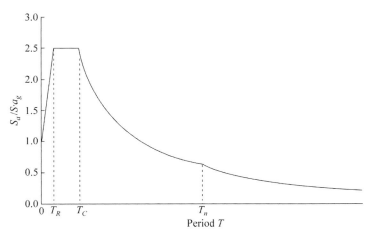

图 2-47　典型的弹性加速度设计光谱(5％阻尼)

（图片来源于欧洲 Syspro 联盟）

的强弱影响,应用了系数 q(和换算系数 R)。例如,剪力墙结构的最大值为 1.5,而框架结构为 3.0。最大弹性加速度反应谱需除以这个参数,因此高能量分布体系会对地震作用有更大的反应。一个典型的模拟弹性加速度设计反应谱,因系数 q 或 R 而减小。在 GB 50011—2010 中没有这个参数。但在欧洲和美国规范中,这个折减系数涵盖了多支撑质点体系和单支撑质点体系。

　　叠合剪力墙和叠合楼板体系构成了建筑在各个方向上的刚性系统。因此,弹性行为和弹性分析是合适的。低能量分布导致了数值为 1.5 的较低的行为参数。因为这个较低参数值,地震表现比框架结构高,但需要大量的加强筋。

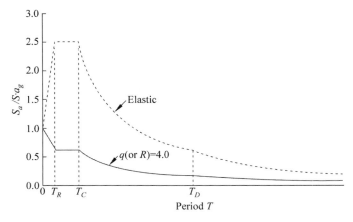

图 2-48 叠合剪力墙体系的地震表现

(图片来源：欧洲 Syspro 联盟)

根据 EC2 和 EC8，低延性（DCL）类别建筑应该在所有的受力构件中采用高延性的钢筋（B 级）。除此之外没有其他要求。值得注意的是，如果采用 DCL，将不再有在剪力墙端部必须做大量竖向钢筋（箍筋特殊设计）的相关规定。

（三）基本建筑构件结构设计尺寸

传递竖向荷载和水平荷载的建筑物的剪力墙是由叠合剪力墙构件构成的。典型的墙体构件如下图所示。未考虑风荷载情况下，水平荷载主要来源于地震荷载。80m 高的建筑在最高抗震设防烈度 8（0.3g）下的情况应该值得注意。

墙体构件 1 是外墙，其尺寸为长度 $l=5.8$m，高度 $h=3$m，厚度 $t=0.25$m。墙体构件是水平刚度体系的一部分，传递水平和竖向荷载，一层的底部是荷载最大的地方。

表 2-3 墙体构件 1 第一层荷载压力

墙体构件 1 第一层	静荷载和动荷载	地震作用	内力总和
竖向最大压力	-1050kN/m	-5580kN/m	-6630kN/m
竖向最大拉力	-890kN/m	5580kN/m	4690kN/m
水平方向最大剪力	450kN/m	3600kN/m	4050kN/m

需要的抗拉钢筋（竖向钢筋）：

$$f_y = 360 \text{ N/mm}^2$$

$$N_{拉}/f_y = 4690\text{kN/m}/36.0\text{kN/cm}^2 = 130\text{cm}^2/\text{m}$$

根据 GB 50011 中安全概念:

$$N = 1.0 \times (-890) + 1.3 \times (5580) = 6364 \text{ kN/m} \rightarrow 177 \text{ cm}^2/\text{m}$$

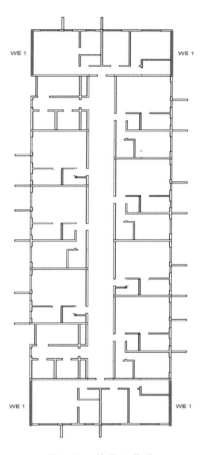

图 2-49　墙体 1 构件

(图片来源:欧洲 Syspro 联盟)

钢筋在现场浇筑的混凝土中分为两排:

$$2 \times \phi 25/7.5 \text{cm} \quad 2 \times \phi 30/10 \text{ cm}$$

在预制层中需要垂直和水平钢筋。

除了竖向受拉钢筋外,竖向和水平两层钢筋均布置在墙体的预制部分。横向钢筋需要承受后浇混凝土压力的最小面积:

$$a_s = 1.3 \text{cm}^2/\text{m} \rightarrow \phi 6/20 \text{cm}$$

根据 GB 50011 规范,横向和纵向最小配筋率为 0.25%:

最小面积：$a_s = 0.0025 \times 25\text{cm} \times 100\text{cm/m} = 6.25\text{cm}^2/\text{m}$

横向钢筋被分布于叠合剪力墙的内、外页预制板：$2 \times \phi8/15\text{cm}$

纵向钢筋必须满足最小配筋率要求，并且是按照 $d \leqslant 62.5\text{cm}$ 间距布置的桁架筋的一部分。垂直于墙体构件表面的荷载，例如风荷载，也需要竖向钢筋。选择的 $\phi8/20\text{cm} = 2.51\text{cm}^2/\text{m}$ 满足静力需求和最小配筋需求。

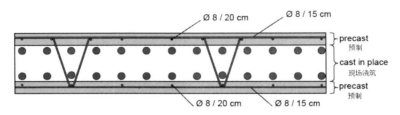

图 2-50　墙体单元的水平截面

（图片来源于欧洲 Syspro 联盟）

极限抗压承载力：

$N_{压} = 0.9 \times (f_c \times A + f_y \times A_s)$

$\quad = 0.9 \times 0.92 \times (19.10\text{N/mm}^2 \times 250\,000\,\text{mm}^2 + 360\text{N/mm}^2 \times 13\,000\text{N/mm}^2)$

$\quad = 7800\text{kN/m}$

$6630\text{kN/m} < 7800\text{kN/m}$

在所有使用双皮墙的区域，需要在填充混凝土与板表面间有 3cm 的间隙。

根据 GB 50011 中安全概念：

$1.2 \times (-1050) + 1.3 \times (-5580) = 8514\text{kN} > 7800\text{kN/m}$（所以针对压力墙体太薄）→ 在底层楼层，满足要求需要最小 30cm 厚的双皮墙。

在较高的层，纵向钢筋减少，越往上，压力、拉力和剪力将变小。在 10 层的内力如下：

表 2-4　墙头构件第十层荷载压力

墙体构件 1 第十层	静荷载和动荷载	地震作用	内力总和
竖向最大压力	-760kN/m	-4130kN/m	-4890kN/m
竖向最大拉力	-625kN/m	4130kN/m	3505kN/m
水平方向最大剪力	200kN	2100kN	2300kN

需要的抗拉钢筋（竖向钢筋）：

$$N_{拉}/f_y = 4690\text{kN/m}/36.0\text{kN/cm}^2 = 130\text{cm}^2/\text{m},$$

钢筋在现场浇筑的混凝土中分为两排：$2 \times \phi 25 / 10 \text{cm}$，

其他钢筋(在预制构件中的竖向和横向钢筋)保持不变。

半预制板构件必须能承受静荷载和动荷载。此外，楼板作为刚性隔板，将由地震作用或风产生的在 x 方向和 y 方向上的水平荷载，传递给建筑的剪力墙。

叠合楼板构件竖向荷载的传递机理是按单向板传递的。在房间区域最大跨度是 6m，在楼面区域最小跨度是 2.5m。所有区域楼板的厚度为 $t = 20 \text{cm}$。

此外，如果在工厂预制混凝土内墙和楼板构件，并且混凝土强度等级大于 C20，则位于中国国标的Ⅰ类环境，混凝土保护层可以降低 5mm～10mm。楼板按单向板构件划分，如下图：

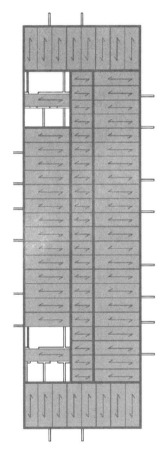

图 2-51　楼层的跨度方向布置

(图片来源于欧洲 Syspro 联盟)

楼板的钢筋由跨度方向的拉力和弯矩共同作用,可得出:

顶部为:6.8→10/10cm

底部为:4.1→8/10cm

- 跨度方向顶部钢筋,最大 $a_s=6.8$

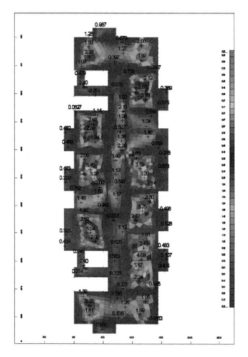

图 2-52 跨度方向底部钢筋,最大 $a_s=4.1$

(图片来源于欧洲 Syspro 联盟)

沿板的纵向方向需要布置尺寸至少为横截面积 20% 的钢筋:

顶部和底部为:2.2→8/20cm

- 当板厚度 $t<400\text{mm}$ 时,必须布置桁架筋,最大间距为 $a=400\text{mm}$。

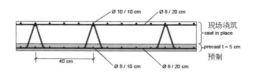

图 2-53 现浇部分和预制部分的钢筋布置

(图片来源于欧洲 Syspro 联盟)

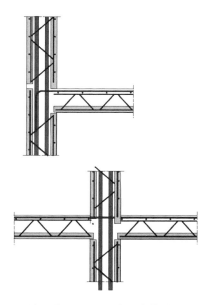

图 2-54　叠合楼板构件与叠合剪力墙构件之间的连接样例

（图片来源于欧洲 Syspro 联盟）

（四）构件概述

预制叠合剪力墙体系（Syspro PART）可广泛用于住宅、公共建筑、酒店等低、高层建筑中。它是一种与电梯井或楼梯间和地下室预制墙体系统结合的侧向抗力体系。

叠合剪力墙体由内、外页板两个混凝土预制部分组成，内、外页板之间通过桁架加强钢筋连接。叠合剪力墙体的混凝土预制层内有一层钢筋网片作为墙体的主要受力筋。安装附加连接钢筋后（如必要），内、外页板预制层之间，在施工现场使用自密实混凝土进行填充浇铸连接。

叠合楼板（Syspro TEC）是常用的预制楼板类型。它由底层受力钢筋网片和分布在合适位置的钢筋桁架组成，不仅提高了叠合楼板在吊装、安装过程中的刚度，也确保了在叠合部分混凝土浇筑的整体性。

叠合剪力墙技术的优势体现在建造的速度、防火性能和经济性。从结构方面来说，其最大的优势在于竖向和水平荷载作用下的整体性能，某种程度上，可以使建筑物在地震作用下各个方向的荷载统一分布，减小层间位移。

Syspro PART 是一种新型的叠合墙体结构，由预制混凝土板和现场现浇部分组成。每个构件由 2 块预制板组成，在工厂与桁架连接在一起。预制墙体单元在建筑工地现场装配并浇筑混凝土。预制混凝土板内部已经配置有钢筋，在现场同步可以起到模板作用。在现场混凝土浇筑后，整个硬化的横截面成为了一个有效的整体，起到固定作用。

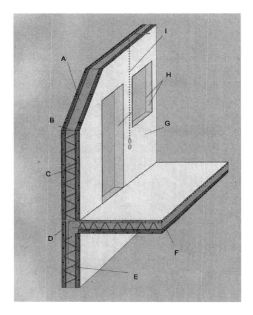

A 定制的不规则形状构件

B 现浇混凝土

C 预制部分的桁架或网片

D 外部上端与屋顶预制部分搭接的模板（叠合楼板浇筑混凝土的模板）

E 桁架筋，约束配筋

F 楼板（底面光滑，随时可刷漆或贴墙纸）

G 叠合墙（两面光滑，随时可刷漆或贴墙纸）

H 门窗开口（可使用嵌入框架）

I 预埋件，用于放置电气装置（导管或管道、插座）

图 2-55 Syspro PART 新型叠合墙体结构

（图片来源于欧洲 Syspro 联盟）

Syspro PART 的预制板厚度大多为 5cm，现浇段的填充混凝土厚度不小于 7cm。

表 2-5　Syspro PART 的预制板厚度及装配重量

板厚度(cm)	装配重量(kg/m²)
5 + 5	250
5 + 6	275
6 + 6	300
6 + 7	325
7 + 7	350

根据荷载和用途,Syspro PART 可用于结构受力部分的承重墙、楼梯侧墙、家用隔断墙和商用隔断、电梯井侧墙、防火墙、梁墙等,广泛适用于地下通道和地下车库的防火通道、生产车间、仓库、桥梁等处,起到支撑、噪声防护等作用。

Syspro PART 可以靠现有建筑垂直放置进行现场施工,从而取代传统的模板系统。由于现场浇筑的混凝土不会对邻近的建筑物施加任何压力,因而避免了常规的风险。

图 2-56　多层公寓楼
(图片来源于欧洲 Syspro 联盟)

图 2-57　将承重墙作为墙状梁的综合工业建筑
(图片来源于欧洲 Syspro 联盟)

图 2-58 使用 Syspro PART 作为开敞办公区域的外墙

（图片来源于欧洲 Syspro 联盟）

图 2-59 以传统方式在现代建筑中应用 Syspro PART

（图片来源于欧洲 Syspro 联盟）

Syspro TEC 叠合楼板构件是一种常见的 5cm 厚的预制混凝土板，带受力现浇混凝土层（根据 DIN EN 1992-1-1（EC2）的规定，作为补充层）。预制板构件包括装配强度所需的拉结形式刚性配筋，以及装配和最终状态所需的纵向和横向拉结筋。所有需要的凹槽、叠合楼板开口、管线接口、倒角、预埋件等都包括在内。预制板构件在施工阶段可用作模板使用，并在现浇混凝土硬化后承受整个横截面受力，有助于整体结构的稳定性。

既可以按规范要求的尺寸交付叠合楼板构件，也可根据需求提供其他尺寸的产品。

图 2-60 现场装配好的预制叠合楼板

（图片来源于欧洲 Syspro 联盟）

图 2-61 竣工后的叠合楼板

（图片来源于欧洲 Syspro 联盟）

　　叠合楼板构件的运输重量取决于构件厚度和构件尺寸，应在施工现场提供起重机。如果起重机的起重能力有限，则应在规划阶段相应地调整构件尺寸。

　　保温墙是一种预制的墙体结构，在工厂集成芯部保温材料。它以混凝土构件作为内页和外页叠合结构，填充混凝土组成。成品墙在工厂通过带有不锈钢对角线的特殊桁架钢筋或圆形玻璃纤维拉结件连接，在工厂集成芯部保温层。

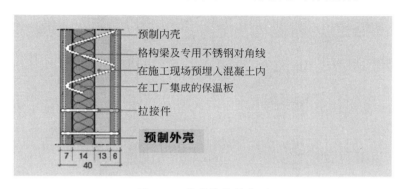

图 2-62　保温墙构件截面

（图片来源于欧洲 Syspro 联盟）

　　为了符合防火要求，需使用 B2 接缝材料并采取相关密封措施；针对保温墙结构，在吊装过程中需要确保墙体不是垂直悬挂在起重机上，而是以一定角度悬挂。

（五）C-Hybrid 技术体系新式结构连接节点技术

1. 半预制生产及装配连接技术

　　半预制混凝土构件生产及装配连接技术可应用于叠合墙板构件水平、竖向连接；该连接技术能够提高工程效率，使节点连接更加稳固，课题中连接方式能够解决现有技术中存在的一个问题，即需要在模板对接完成后，由模板上方插入钢筋套筒作为连接件，最后进行浇灌，致使工程进度缓慢。

　　（1）快速生产及自动对接的建筑半预制体系。它由直线连接的第一叠合墙及网片筋、第二叠合墙及网片筋、连接单元、桁架筋组成，叠合墙间由混凝土浇筑；连接单元包括多个矩形支撑部、固定杆以及拉接部件；矩形支撑沿竖直方向等间距设置，且埋于第一、二叠合墙内；固定杆平行设置于矩形支撑之间，用于固定支撑；拉接部件固定于矩形支撑上，用于拉动矩形支撑及固定杆向第二叠合墙内移动，使矩形支撑最终固定于第一、二叠合墙之间。

　　（2）自动对接的 L 形混凝土建筑预制半预制连接体系。它由直角连接的第一

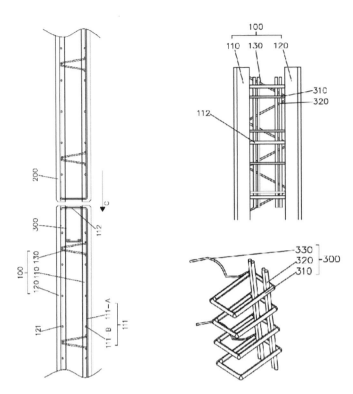

图 2-63　连接节点详图(单位:mm)

(图片来源于欧洲 Syspro 联盟)

叠合墙及网片筋、第二叠合墙及网片筋、连接单元、桁架筋组成,叠合墙间由混凝土浇筑;连接单元靠近第一叠合墙设置;第一、二叠合墙均包括内壁、外壁及网片筋,网片筋两端分别与内壁、外壁连接;内壁长度小于外壁长度;内壁内含第一桁架,外壁内含第二桁架;连接单元包括多个矩形支撑、固定杆及拉接件;矩形支撑沿竖直方向等间距设置,固定杆平行置于矩形支撑之间,用于固定矩形支撑;拉接件固定于矩形支撑上,用于拉动矩形支撑及固定杆移动,使矩形支撑最终固定于第一、二叠合墙之间。

2.装配式建筑新型快速螺栓连接技术

此技术为装配式建筑纯干式连接系统,在多低层装配式建筑中可替代传统出筋现场浇筑的连接方式。

该新型干法螺栓连接方式无须现场浇筑、焊接和支模,适用实心墙板厚度最小可达 120mm,连接两板间水平误差最大可容忍误差为 10mm,连接两板间垂直误差

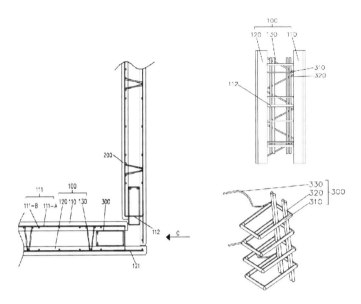

图 2-64　L 形连接节点详图（单位：mm）

（图片来源于欧洲 Syspro 联盟）

最大可容忍误差为 20mm，连接两板间距离误差最大可容忍误差为 15mm，同时具有高柔韧性，可防止因热胀冷缩造成的断裂；具有高载荷能力，可承受约 80kN 的拉伸载荷；具有高适应性，实心墙板混凝土强度最低可达 C30/37；具有高防火性，防火等级最高可达到 F90。

（六）装配式建筑施工现场 T 形柱连接技术

装配式建筑快速螺栓连接技术将梁柱间的连接钢筋提前预埋在预制墙体内，在施工现场可以直接与其他墙体梁柱进行搭接，减少了现场模板使用，能够提升现场施工效率。

该连接技术有高适用性，可适用于直径在 6mm～12mm 的钢筋，最大长度可达 1.2m，生产误差不超过 10mm，出筋长度最大可到 42cm。同时横向出筋，减少了现场横向钢筋的使用，清洁环保，系统拆卸部分可循环使用，材质稳定重量轻，可降低运送难度和受伤风险。

（七）C-Hybrid 体系技术发展可行性的抗震研究

对于建筑抗震来说，建筑材料的质量和结构的连接方式是至关重要的，

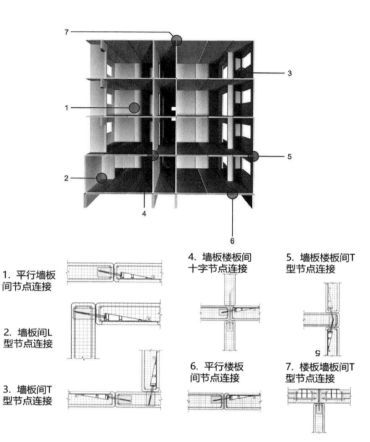

1. 平行墙板间节点连接

2. 墙板间L型节点连接

3. 墙板间T型节点连接

4. 墙板楼板间十字节点连接

5. 墙板楼板间T型节点连接

6. 平行楼板间节点连接

7. 楼板墙板间T型节点连接

图 2-65 多低层建筑装配式建筑快速螺栓连接技术连接节点

(图片来源于欧洲 Syspro 联盟)

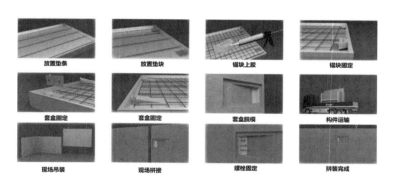

放置垫条　　放置垫块　　锚块上胶　　锚块固定

套盒固定　　套盒固定　　套盒脱模　　构件运输

现场吊装　　现场拼接　　螺栓固定　　拼装完成

图 2-66 装配式建筑快速螺栓连接技术关键节点流程

(图片来源于 NEVOGA)

图 2-67　装配式建筑快速螺栓连接技术拉结实验

（图片来源于 NEVOGA）

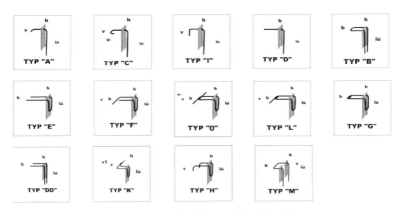

图 2-68　装配式建筑 T 形柱连接方式

（图片来源于 NEVOGA）

C-Hybrid 体系部件在工厂内进行高质量的生产，在施工现场进行安装和连接，C-Hybrid 系统在混凝土浇筑凝固后等同现浇结构。传统叠合桁架钢筋的连接方式继续发展，可以进一步研究使用 KAP 波形连接件来减少钢筋的使用量。

欧洲 KAP 波形连接系统可应用于 0.4g 地面加速度的地区，已在中国的 8 度地震区做了可行性研究，并已建立 35 层的高层住宅建筑模型：

通过实验模型分析，该连接体系能够满足中国建筑抗震设计规范的要求。

针对欧洲装配式建筑体系，主要以新型叠合墙体系以及相关延伸的叠合 T 形墙和 U 形墙等进行了抗震性能研究，其研究成果证明，叠合墙的抗震性能等同于现浇。

通过连接杆连接，叠合墙板可以具有与单层墙一样的抗震性能。

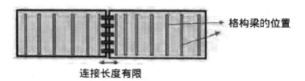

使用格构梁的两个双层墙构件的接缝

使用 KAP 波形连接件的两个双层墙构件的接缝

图 2-69　使用格构梁与 KAP 波形连接的接缝对比

（图片来源于土耳其中东技术大学）

图 2-70　中国 8 度地震区 35 层住宅楼模型

（图片来源于欧洲 Syspro 联盟）

图 2-71　叠合墙抗震循环加载试验

（图片来源于欧洲 Syspro 联盟）

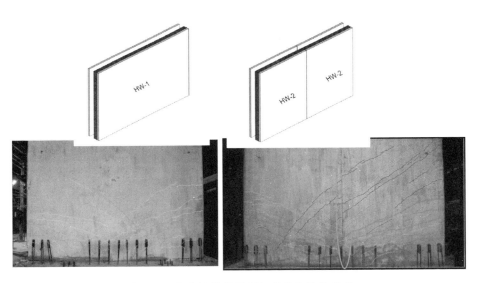

图 2-72　叠合墙抗震循环加载试验性能结果

（图片来源于欧洲 Syspro 联盟）

通过叠合墙抗震循环加载试验可以发现，叠合墙表现与单层墙相当，在横向荷载条件下，可以保证具有整体响应性能，同时无滑移和分离现象。

叠合墙继续发展，还可以延伸为 U 形叠合墙和 T 形叠合墙，通过地震研究可以发现，U 形和 T 形叠合墙表现与单侧墙相当。U 形叠合墙在大幅度形变时强度不下降,不会发生显著损坏和脱落。T形叠合墙由于墙体内部有墙网,因此延性一般,但具有足够的整体抗震和变形性能。

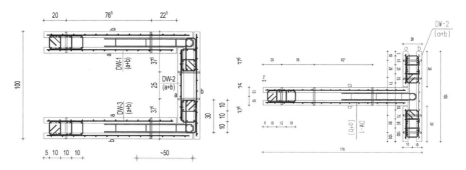

图 2-73　U形叠合墙和T形叠合墙结构设计
（图片来源于欧洲 Syspro 联盟）

图 2-74　U形叠合墙实验现场图
（图片来源于实验研究院）

图 2-75　T形叠合墙实验现场
（图片来源于欧洲 Syspro 联盟）

　　叠合立柱作为叠合墙的一种延伸边缘构件体系,其建造和性能同样与普通的钢筋混凝土现浇立柱相当。

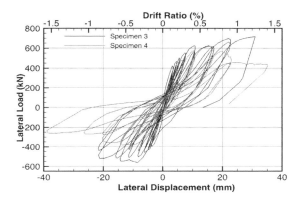

图 2-76 U 形叠合墙和 T 形叠合墙抗震位移

（图片来源于欧洲 Syspro 联盟）

图 2-77 叠合层立柱建造

（图片来源于欧洲 Syspro 联盟）

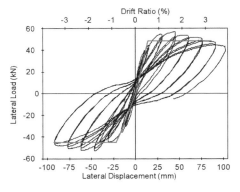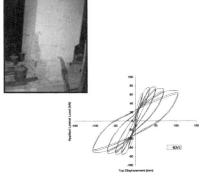

图 2-78 叠合层立柱抗震位移及实验现场

（图片来源于欧洲 Syspro 联盟）

（八）C-Hybrid 生产工艺

装配式建筑预制构件由全装配柔性自动化工厂加工生产,研究发现,在应用欧洲全自动生产线后,国内装配式建筑工厂预制构件生产效率大幅提高,可以达到 $10.26m^3$/人/天。

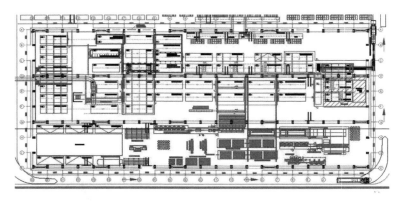

图 2-79 装配式柔性自动化工厂生产布局

（图片来源于作者）

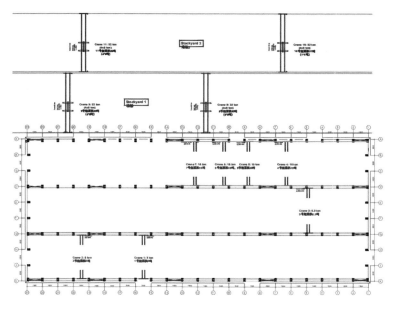

图 2-80 装配式柔性自动化工厂起重设备布局

（图片来源于作者）

工厂生产的构件通过 CAD 进行数字化设计，每一个构件的设计数据均通过 CAD/CAM 界面转化成二进制语言压缩包（包括有关构件尺寸、几何形状、容量、加固、剪切等方面的信息，以及所有与此产品有关的其他细节，例如订单编号和建筑物内的构件编号等）。构件工厂中的主控计算机可以读取所有文件，并准备生产，之后通过对数据的识别进行预制构件的生产任务布置。

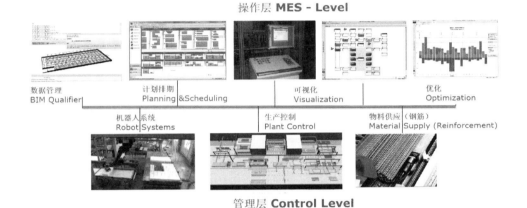

图 2-81   全自动预制生产工厂平面布置
（图片来源于作者）

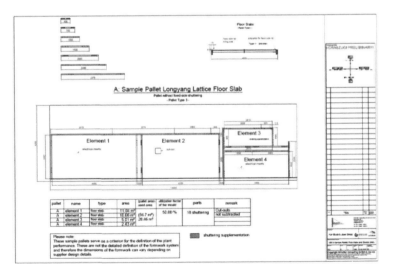

图 2-82   楼板生产工艺平面布置
（图片来源于 Prilhofer 咨询有限公司）

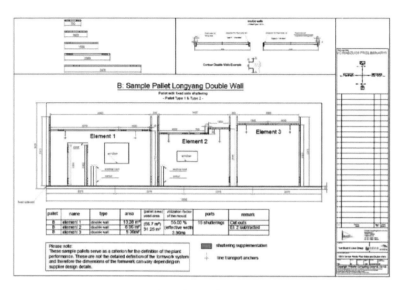

图 2-83　叠合墙板生产工艺平面布置

（图片来源于 Prilhofer 咨询有限公司）

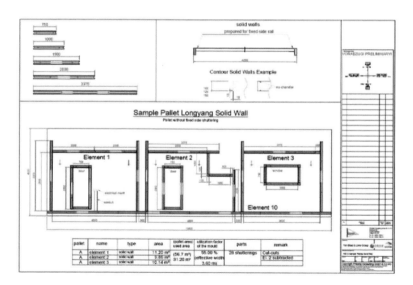

图 2-84　实心墙板生产工艺平面布置

（图片来源于 Prilhofer 咨询有限公司）

　　脱模后的模板经清洁处理后,内表面手工涂刷界面剂,模台表面涂刷脱模剂;作业人员或机器人在模台上进行模板组模作业,模具整体拼装,并进行尺寸校核,确保组模后的位置准确。

　　按照钢筋料表的型号和数量在钢筋半成品区领取叠合板的钢筋,并送到对应工位模台上,并将钢筋按照图纸对应位置进行摆放;按照图纸的要求,安装线盒、工装、预埋件、封浆胶塞等;质检员根据图纸要求对钢筋及预埋件尺寸位置进行检查,保证准确无误。

　　混凝土浇筑由布料机完成。根据构件的厚度、几何尺寸、需要混凝土的数量及塌落度等参数调整布料机相应的运转参数,用输送料斗将混凝土由搅拌站运送至布料机料斗内部(预先确认混凝土的配方符合浇筑或构件的要求)。在进行布料时,可以对布料机行走速度和下料速度进行调整,确保生产线的节拍要求。需要补料时,布料机可移动至混凝土输送料斗下料口位置。布料机可实现自动布料,自动布料程序可在台式电脑上预先编制,而后存到布料机控制器中,随时调用,同时还可以直接在布料机的控制面板上进行手动编程。模台上所有的构件完成布料后,震动台上升(或下降),并将模台锁死在振动台上,使之在振捣过程中不会相对移动。应根据构件的厚度等参数调整振捣器的频率,使振捣力与构件的参数匹配,振捣过程中,在密实质量符合要求的前提下控制振捣时间。

　　在混凝土布料完成后,检查浇筑振捣后钢筋及埋件位置,并及时进行调整。待混凝土失去流动性后将胶塞拆卸。

　　PC 构件进入该工位时,已完成初凝,并达到一定强度,可根据质量要求对面层进行拉毛处理。模台通过后检查叠合板预埋件,如果被扰动需及时调整位置;必要时需在表面覆盖塑料薄膜。

　　构件在符合质量要求后,进入生产线在蒸养窑内的通道,由堆码机将模台送入蒸养窑内进行蒸养,需在养护窑中静停 2~4 小时。蒸养 6 小时后,再由堆码机将模台从蒸养窑内取出,送入生产线在蒸养窑内的另一通道,进入下一道工序。立体蒸养采用蒸汽湿热蒸养方式,利用蒸汽管道散发的热量及直接通入窑内的蒸汽获得所需的温度及湿度;对温度及湿度进行自动监控,并全自动控制变化;蒸养温度最高不超过 60℃,确保升温及降温的速度符合要求,同时确保蒸养窑内各点温度均匀。

　　生产结束,由堆码机从立体养护窑中取出养护完毕的构件,用专用工具松开模板的固定装置、螺纹连接装置、轴销固定装置等,利用起重机配合拆除所有的模板。采用对应标识牌,喷涂项目名称、楼号、楼层、构件编号、安装编号等标识。

　　在模具已经拆卸完毕的柜台上,采用叠合板专用吊具安装吊环后,用起重机将叠合板运到专用的冲洗平台上面,启动高压喷水设备对构件断面进行冲洗,直至符合要求,冲洗完成后,用起重机将构件吊运至构件成品暂存区,等待运输至室外成品堆场。

叠合板脱模、吊运完成后,模具和模台表面上会残留浇筑、振捣、抹光作业时未完全清理掉的小块混凝土、凝固的砂浆及其他残留物、粉尘等,必须进行清理,确保模具和模台表面光洁、无粉尘,为下一工序的作业做好准备,确保现场作业环境符合环保及人身健康要求。

(九)C-Hybrid 现场施工工艺

在现场施工过程中,欧洲建筑体系的完整性和连续性更强,可从前期准备、安装区域优化、吊装优化、施工布局优化等几个方向进行系统性提升。

1. 现场施工准备措施优化

完善的水平作业层:需要保持清洁,同时楼面要保持连续性,高差不超过 1cm。

齐备的安全和防护措施:包括防护墙、安全脚手架、井架和安全起重设备等。

明确的运输车辆和起重机布局:最小需保证 10m×8m 的起重机安全操作和移动距离。

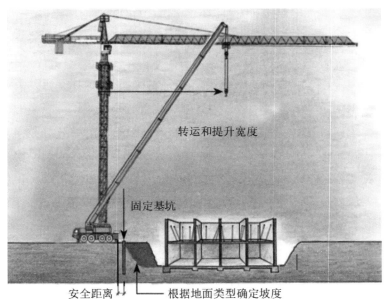

图 2-85 运输车辆和起重机布局

(图片来源于欧洲 Syspro 联盟)

清晰的运行路线：尽可能考虑急转弯、停车区、管线综合、超高超重等限制及坡道等；提前预申请并获得有效的道路封闭许可。

2. 安装准备区域优化

在施工之前，使用墨斗在安装平面上绘制楼面平面图。此外，标记墙体单元的长度并标记门的位置，添加施工平面图中的位置编号，注意接缝的宽度和高度。

使用垫片（例如聚酰胺垫片）来平衡地面凹凸，通常需要4个垫片（在模板的两侧，每个距离墙端50cm），以在施工之前平整所需的高度。

如果整个墙体横截面承受压力，则必须保持3cm的最小接缝高度。

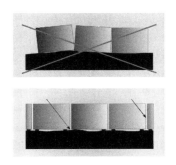

图 2-86　使用垫片来平衡地面凹凸

（图片来源于欧洲 Syspro 联盟）

3. 现场卸货优化

以构件垂直状态交货。采用车载货架交货，要求整车投到地面的清晰投影长度至少为28m。

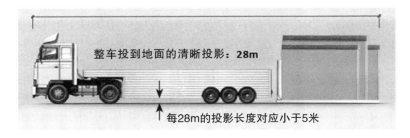

图 2-87　车载货架交货要求离地间隙

（图片来源于欧洲 Syspro 联盟）

水平地面空间，每10m构件最大不均匀度为20cm（离地间隙），将运输车辆停放在平坦的区域（没有坡度）。横向上的最大角度 $\alpha = 3\%$（以防翻倒的风险）。

在卸下安全螺栓和安全带之前,要将拆卸的墙体单元提前钩住,必要时,同时固定在车辆行驶方向上相互支撑的其他墙体单元;应始终先卸载车辆上最后一个墙体单元。

图 2-88　危险区域示意

(图片来源于欧洲 Syspro 联盟)

4. 起重机操作和吊装优化

需按照吊装等级认真进行起重机操作,并需符合起重作业和装载装置相关的事故预防规定 VBG 9a,操作过程中只能使用认证过的装载设备。

根据 DIN 5691,必须在施工起重钢缆绳和圆环钢链之间的连接点处,使用带有插入式缆索加强件的起重带。

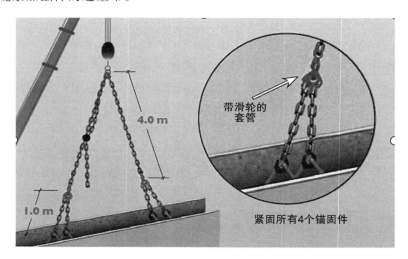

图 2-89　现场吊装详图

(图片来源于欧洲 Syspro 联盟)

　　运输锚件由一个带十字螺栓的支架组成,位于墙顶边缘下方约 25cm 处。十字螺栓由圆钢、钢管或木料制成。根据事故预防规定,特殊情况下需要提供防止坠落的专门防护装置。在施工支架和受力配筋已经安装,但墙体未固定之前,需要这些防护装置。如果接缝区域有间隙,则从侧面推动配筋。在放置下一个相邻墙体单元之前不要将它们从上方推开(如在高墙的准备工作中)。

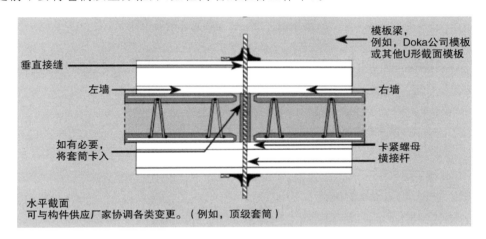

图 2-90　受力配筋详图
(图片来源于欧洲 Syspro 联盟)

5. 安装优化

　　在转移墙体之前,应确保连接配筋不会与格构梁碰撞,慢慢放下墙体单元,将其放置在基点(平面图标记)上,然后对齐墙体单元。如必要,可使用楔子、插筋或垫块固定墙体位置。根据墙体高度和长度,使用至少两个斜支撑固定每个墙体单元。使用螺栓或 U 形固定装置将支架安装到墙体单元上。使用预埋固定装置将支撑固定到底板上,倾斜角度不得超过 50°,最佳角度为 45°。如果以 60°角工作,固定件和支撑受力将增加 30% 以上。

　　接下来,紧固斜支撑并确保它们处于正确的位置。在正确完成前述步骤之前,请勿卸下起重机吊钩或钩住下一个墙体单元,使用转轴垂直对齐墙体单元,并均匀转动转轴,然后铺设角落和接缝配筋,以及混凝土振捣所需的角支架。此处必须遵照施工静载计算。

6. 现场混凝土浇筑优化

　　安装墙体单元后,直接铺设 Syspro 楼板及墙板,这样就能够一步完成混凝土墙和楼板的混凝土浇筑,实现合理的工作流程。重要的是要遵照最大填充高度。从大

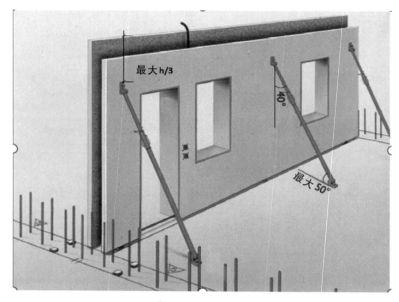

图 2-91 集成施工支撑使用

（图片来源于欧洲 Syspro 联盟）

约 2cm 宽度开始拆除模板，在任何情况下都不要填充泡沫，采用安装泡沫或接缝绳填充垂直接缝，直至约 2cm 宽。安装泡沫可不延伸到现浇混凝土中。宽度小于 1cm 的接缝可不填充，而采用防水模板。

必须根据相关法规（例如 EC2）进行混凝土浇筑，尤其湿润的墙体内侧。此外，还应确保混凝土芯厚小于 15cm，最大粒径不大于 16mm；在墙体的底部，建议使用 8mm 的混合物填充。无须使用材料锥筒填充齐平，确保墙体单元垂直。一旦混凝土浇筑成形，立即检查墙体边缘处是否对齐，电气配管是否通畅等。根据 DIN 18218，在现场测量与混凝土浇筑速度 v 相关的允许填充或用混凝土浇筑的高度 hE。根据授权，最大新浇混凝土压力达到 σHk，最大＝30kPa（没有任何特殊措施，并且通常的格构梁距离为 60cm）。填充高度为 80cm 或混凝土浇筑速度为 80cm/h 时，需要正常的环境条件（环境温度 Tamb＝20℃，塌落度 F3，不使用缓凝剂）。当环境温度＜20℃时，结果是存在偏差的。如塌落度较低时，需要使用缓凝剂等。

（十）综合成本控制

通过设计优化及加工过程管控，C-Hybrid 技术体系拥有良好的综合成本控制

优势,能够做到省钱、省事、省工和省时。如装配式建筑与现浇建筑相比:

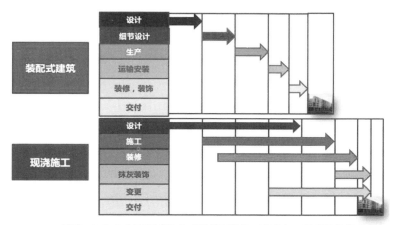

省时：C-Hybrid装配式技术VS传统现浇施工:节约30%的项目整体时间

图 2-92　装配式建筑比现浇建筑整体时间节约 30%

（图片来源于作者原创）

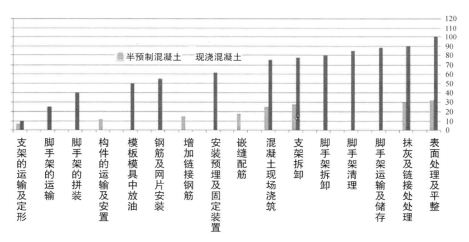

省事：C-Hybrid技术 VS传统现浇施工:节省8道施工工序

图 2-93　装配式建筑比现浇建筑工序节省 8 个工序

（图片来源于作者原创）

表 2-6 装配式建筑比现浇建筑现场施工时间节省 55%

墙板和楼板详细对比

		每 m² 完成同样结果的工作时间	
现浇混凝土	Hybird 装配式技术	现浇	Hybird 体系
安装外部模板	安装墙板	0.8	1.0
固定钢筋	钢筋链接	0.5	0.1
安装内模板和浇铸混凝土	—	1.0	—
混凝土养护	—	1.0	—
安装楼板模具	板板安装	1.5	0.5
安装边缘和开口处的模板	—	0.5	—
安装钢筋	钢筋链接	0.5	0.1
混凝土浇铸楼板	浇铸墙板和楼板混凝土	1.0	1.7
拆模	拆除支撑	0.5	0.1
清洁模板	—	0.7	—
墙板和楼板完成施工	墙板和楼板完成施工	0.5	0.1
合计		8.5	3.6

省工：m² 工时数—现浇技术与 Hybird 技术相比，C-Hybird 技术至少减少 55%的现场施工时间

（表格来源于作者原创）

第六章

中国发展建筑工业化关键要素

一、建筑工业化是建筑企业转型升级必然方向

（一）从新结构经济学看建筑业发展

首先要明确经济学理论和任何科学的理论一样，目的是帮助人们认识世界，改造世界。新结构经济学是林毅夫教授及其合作者提出并倡导的研究经济发展、转型和运行的理论，主张以历史唯物主义为指导，采用新古典经济学的方法，结合一个经济体在一个时点位置上给定的要素禀赋（随着时间可变）及其结构为切入点，来研究决定在此时点位置上，此经济体生产力水平适合发展的产业、技术以及适宜的基础设施，同时分析经济结构及其变迁的制度安排、决定因素和影响。它主张发展中国家或地区应从其自身要素禀赋结构出发，发展其具有比较优势的产业，在"有效市场"和"有为政府"的共同作用下，推动经济结构的转型升级和经济社会的发展。

从新结构经济学来看，中国历经四十多年改革开放的高速发展，社会进入工业化革命的成熟阶段，即将完成计划经济向市场经济的转轨及从传统农业社会向现代工业社会的转型。依据新结构经济学理论，中国改革开放可划分为三个阶段：轻工业革命阶段（1978—1995），重工业革命阶段/重工业革命的初、中级阶段（1996—2010），装配制造业革命阶段/重工业革命的高级阶段（2011—2030）。

在轻工业革命阶段，经济体的要素禀赋是劳动力多而资本少，技术落后，适合发展劳动力密集型产业。这一时期，建筑业在国家发展规划中被列为支柱性产业，改革大纲发布实施，企业承包经营制全面推行。体制机制的改革，使建筑业突破传统体制的桎梏，极大地解放了生产力，发展迅猛。建筑业在这一阶段的重大事件主要有：鲁布革冲击、项目法施工、两层分离、招投标制、施工监理制、企业资质管理、鲁班奖设立、"分税制"等。传统劳动密集型的现浇建筑体系工法也在这一阶段得到广泛的应用。

随着具有比较优势的产业快速发展，资本快速积累，要素禀赋结构的升级加快，

企业自生能力加强,改革开放进入了重工业革命阶段。这一时期,《中华人民共和国建筑法》于 1998 年正式开始实施,随后《招投标法》《建设工程项目管理规范》《建设工程监理规范》等一批法律法规和规范陆续发布,使建筑市场管理向法制化、规范化发展。同时,中国政府完善硬基础设施,公路、铁路、机场、港口、房地产等迎来发展的黄金时期。2001—2010 年,建筑业总产值以 20% 左右的增长率稳定上升。中国建筑、中铁工、中铁建、中交集团等建筑央企陆续上市,企业发展驶入快车道。一批江浙民企通过股份制、混合所有制改革和内部管理体制机制的改革,在激烈的市场竞争中迅速崛起,如中南建设、南通三建、南通四建、龙信建设、金螳螂装饰、浙江中天、浙江广厦、亚夏股份等。建筑体系方面,建筑工业化被重新提出,并正式涉及中国建筑业的日常业务。

随着重工业的发展,第三产业和高端服务业逐渐兴盛,我国经济发展由高速增长开始向高质量发展阶段转变,进入装配制造业革命阶段。同时,"刘易斯拐点"到来,人口红利消失,人力资源成本快速提高。建筑业作为典型的劳动密集型产业之一,即将面对劳动力短缺的问题。

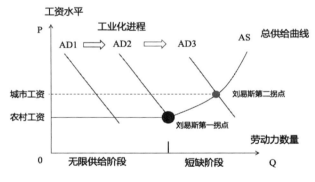

图 2-94　刘易斯拐点
（图片来源于互联网）

随着人力资源成本快速增加,位于建筑业产业微笑曲线最低点的传统建筑施工企业的利润空间进一步压缩,建筑企业转型成为必然之路。中国粗放的传统建设方式已经不能满足新时代行业核心业务的需求,建筑行业亟须转变发展方式,提高产业化发展水平。

从新结构经济学视角来看,在劳动力多、资本稀缺的时候,应该发展劳动力相对密集的产业,采取用劳动力替代资本的技术。当资本积累到一定程度,资本相对丰富,劳动力相对短缺的时候,资本密集型产业便具备了比较优势,所用的技术就必须用机器来替代人。因此,对于建筑业,建筑工业化作为转型方向之一,将成为行业实现"蝶变"的重大机遇。这一时期,传统劳动密集型的现浇体系和资本密集型的装配式建筑体系并存,均艰难前行。

(二)建筑工业化实现换道超车

在建筑业转型升级的阶段,装配式建筑给其带来了新的契机。然而,真正采取实际行动的企业并不多。大多数的总承包建筑企业还在按照原有的轨迹投标、施工、结算,这是惯性的力量。正如当年鼎盛时期的柯达公司虽然发明了数码技术,但没有主动放弃胶片业务的巨大产值,直到被后来者用数码技术颠覆。无独有偶,诺基亚发明了智能手机,也抱着传统业务不放,结果被苹果公司等一批后起之秀颠覆。如果对近百年的企业简单梳理一下,会发现一个特别悲观的规律——行业龙头企业基本都是被外行颠覆的。传统汽车行业将是下一个被冲击的风口,特斯拉已经造出售价3.5万美元的高性能电动车,而奔驰、宝马、奥迪等传统巨头在应对变化方面还是犹抱琵琶半遮面,归根结底还是无法放弃既得利益。那么,现在呼风唤雨的传统建筑业巨头,多年后还能剩下几个?

在新结构经济学中,一国经济体的企业类型可根据与世界相关产业技术前沿的差距分为五类,下表以我国的经济形态为例:

表 2-7　新结构经济学产业划分

产 业 类 型	产 业 特 征
国际领先型	发达国家由于失去比较优势而退出的产业,我国在国际上已处于或接近领先水平。
追赶型	与发达国家相比,劳动生产率水平较低,是技术和附加值水平较低的反映。
转进型	过去我国具有比较优势,但随着劳动力成本上涨,已失去该优势。
换道超车型	研发周期短,以人力资本投入为主,而创新才能人力资本是我国的优势。
国家战略型	研发周期长,以物质资本投入为主,因国防安全和国家战略需要而存在。

(图表来源:新结构经济学)

按照这一理论,建筑工业化是典型的换道超车型产业,需要更多的跨界、跨专业人力资本投入,在短期内研发出满足个性化市场需求的建筑设计及适合工业化智能生产的装配式建筑产品。通过过去四十年的基础培训,我国已经拥有了一定的人才队伍,但需要通过一定的整合及组织形式,将新型人才,如机械、电气、控制系统、信息化系统等人才与传统建筑业和传统建筑业设计施工等人才组合,一起推动建筑业的换道超车。

（三）7 万亿市场谁主沉浮？

2019 年，全国建筑业产值 24.8 万亿元，按照国家的战略规划，到 2030 年，装配式建筑的比例要达到 30%，至少每年 7 万亿元，这是一个巨大的蛋糕。除传统建筑业企业的转型外，新型企业如房地产公司、建材公司等，都在转型投资装配式建筑，各路资本虎视眈眈，7 万亿元市场谁主沉浮？

模式的改变，将使原有大建筑承包商的优势受到不断的冲击，甚至原有业务模式也可能成为巨大的包袱。这句话似乎有些危言耸听，但变化的确即将发生，也许只需 3～5 年。而且，装配式建筑产业是在朝着制造业转型，有设备，有生产线，有产业工人，采取模块标准化设计，现场组装。2016 年，德国—比利时边境一个 6 栋 15 层塔式住宅楼的小区施工时，只有 4 个工人干活。在成熟的欧洲市场，这个产业已经不再需要项目经理，合约计价方式也不一样了，资源组织方式变了，管理要素变了，流程变了，一切都在变化。尽管目前我们在技术标准、制造体系、信息化系统以及人力资源等方面还没有准备好，但我们的目标和他们已经实现的目标应该是一致的。

按照这个逻辑推理，建材生产企业也具有优势，如原中国建材集团董事长宋志平先生曾经在 2016 年中欧建筑工业化论坛上表示，中建材也要布局装配式建筑市场。建筑业是国民经济支柱产业，在转型升级的大背景下，产业链的投资、规划设计、建造、运营服务等各环节相互渗透，产业外的进入也在不断发生。

（四）建筑工业化是建筑企业高质量发展的基础

对建筑技术进行工业化革命，才能实现中国建筑业的高质量发展，同时实现高效率、低成本的目标。而通过研究发现，世界各国的兴衰都与产品质量正相关，每个时代都有当时具有代表性的产品比如中国古代的丝绸和瓷器。高质量的产品不仅具有实用的功能，更代表了当时时尚的生活方式。质量已经成为一个企业、行业、地区乃至国家竞争与发展的制高点。

质量发展，可以从社会学、经济学、地缘政治以及历史变迁的角度来看。它在各个国家变迁或大发展的历史时期都起到了非常关键的作用。各国对于质量的提升和发展，都走过漫长的道路，如一百年前美国兴起后超越英国成为全球霸主，质量的提升在其中就起到了非常重要的作用。再往前看，德国产品质量在"一战"以前很差，如果英国绅士家里使用德国产品会受人嘲笑。德国后来的崛起有很多历史原因，质量的提升无疑是其中之一。历史总有惊人的巧合，每一次国家的振兴和民族的强盛都和这个国家的产品质量密切相关。

聚焦到中国，改革开放四十多年来，我国大多数企业还处于质量提升和品牌打造的初级阶段。品牌可以带来溢价，可以满足消费升级需求，加快供给侧改革，这也是我们为什么需要实施质量强国战略的原因。

根据林毅夫老师的观点，首先需要建立有效的市场经济机制，实事求是地发展具有比较优势的产业。在产业发展初期，除了依靠企业家精神，有为政府还需要因势利导地推动，比如在产品研发阶段的支持。同时，产品质量是有为政府需要积极参与的一个领域，我国就质量发展已出台一系列的相关政策，如《中共中央 国务院关于开展质量提升行动的指导意见》（中发〔2017〕24 号），《国务院关于加强质量认证体系建设促进全面质量管理的意见》（国发〔2018〕3 号）等。

建筑企业对于"质量管理"的定义，或可理解为质量管理是随着社会经济发展、项目组织方式的变化而演变的。还有另外一个维度，就是国家层面的法律、政策对于质量的要求。党的十八大之后，质量强国已经正式成为国家战略，国家质量基础设施（National Quality Infrastructure，NQI）作为社会治理方式转变的重要方法论，已经开始被广泛推广。

图 2-95　国家质量基础设施模型

（图片来源于中建协证中心）

自 1791 年起，国际计量局就致力于建立一种计量体系，令所有人在任何时候都能够使用。由于希望通过这个体系在全球促进质量的提升，中国积极与其他国际组织合作，共同推进这一工作。这一合作称为国家质量基础建设的推广，简称"质量基础建设"（QI）或国家质量基础设施（National Quality Infrastructure，NQI）。NQI 最早是在 1968 年由联合国贸发组织首次提出的，后来被 ISO 采用，成为一个全球通用的、以质量技术为基础的国家治理方式。这是国家治理方式的改变。以前的二元治理结构中,什么事都是政府管,政府承担无限责任,没有实现各方均衡。而现在 NQI 具体的内容有三项:标准、计量、合格评定。中国把合格评定又拆分成三项,NQI 变成了标准、计量、认证、认可与检测,分别由不同机构负责。举个例子,奥地利环境部在 2010 年发布了一个针对建筑物能耗的法案,到目前为止,已经有 30% 的建筑达到了近零能耗,大部分的建筑能耗都降低了很多。他们首先把建筑的能耗分成十级标准,这个标准由认证机构、协会、企业和政府一起制定。法案的核心内容是,如果一个建筑达不到 600 分(共 1000 分),便不能上市交易,也不能进行租赁,对建筑的检测和认证由第三方机构进行。实践操作中,有很多技术应用可以降低建筑的能耗,比如在我国,建筑最大的能源消耗点是窗户,墙体外保温做得很好,但很多窗户还是单层玻璃,窗框也不够密封。而奥地利通过这样的方式,已经不会出现我国建筑存在的窗户问题,而且节能环保成了一个新的经济增长点,这就是典型的 NQI 方式。

图 2-96　通过建筑能源认证的奥地利环境部大楼

二、技术体系、工程管理模式变革探讨

(一)根据比较优势发展的供给侧技术体系选择

我国建筑工业化起步较晚,20 世纪五六十年代主要引进苏联和东欧的装配式大板建筑,70年代末以全装配混凝土大板建筑为代表的装配式建筑繁荣发展,相关政策和标准开始配套和完善,之后装配式大板建筑暴露出抗震性能、防水功能不足等缺点,装配式建筑一度停滞。直到2005年之后,工业化建筑重新崛起,各种新型装配式混凝土结构、钢结构、木结构、混合结构体系得以重新起步,相关技术也开始发展和应用,国家相关部门不断推出新政策,制定或修订标准,从政策、法律、标准层面开始推动新型建筑工业化发展。

当前,我国经济已由高速增长阶段转向高质量发展阶段,人均GDP在2019年达到10 000美元。建筑业也正处于转型升级和创新发展的关键时期,处于由数量高速增长转向高质量发展的转折点。党的十九大提出了绿色、低碳、循环的发展理念,为建筑业的改革创新指明了方向,以供给侧结构性改革为主线,大力发展装配式建筑,坚持绿色发展、创新驱动,以高质量发展促进建筑业转型升级的路径日渐清晰。

但在这条发展道路上,是直接引进吸收西方最先进的技术,直接超车,还是引进具有比较优势的技术,使企业产生自生能力,减少保护补贴,是一个值得分析的问题。通过学习林毅夫老师的新结构经济学,对比日本及欧洲在类似发展阶段的产业政策及主要技术体系,可以帮助我们更加清晰地了解建筑工业化技术发展,以及目前更加适宜中国建筑工业化供给侧改革的发展目标。

新结构经济学认为,适宜一个国家的发展技术,是具有比较优势的技术,而不是最先进的技术,如日本真正开始发展汽车工业是在20世纪60年代,当时日本的人均GDP是美国的40%、德国的60%,日本政府根据自己的比较优势,引进欧美发展了60年的成熟技术,首先定位于大众需求的中低端汽车的生产,大幅度提升这个领域的技术,最终成功实现弯道超车。而我国目前人均GDP也已经达到日本、德国20世纪八九十年代的50%,对比日德两国建筑业当时的发展及成熟技术体系,对我国建筑工业化供给侧改革应该有更多的现实意义。

日本建筑工业化的发展也是一步步向"高质量发展"这一目标前行的,其分为"追求数量""数量质量并重""综合品质提升"三个阶段,从全国性房荒到基本上满足需求,在满足量的需求到满足质的需求这一发展过程中,日本政府进行了强有力的因势利导和政策指引。

"追求数量":1945—1965年,日本近三分之一人口无住房,供需矛盾尖锐,日本政府在1951年推行了《公营住宅法》,在1955年推行了《日本住宅公团法》,并且建立了"住宅金融公库"和"日本住宅公团"等机构,推行了公营住宅计划、住宅建设计划等。到20世纪60年代,日本住宅产业得到恢复和发展,基本实现住宅基本需求目标。在此期间,日本实施以政府为主导的公营住宅和公团住宅政策,技术体系以规格化的标准设计为主,通过保证工业化建造思路的标准设计方案,逐步形成通用化规格型住宅部品的开发,既降低了生产成本,也提高了住宅质量。基于批量化要求的生产方式而进行的标准设计方法,完成了经济高度增长期猛增的建设数量,满足了长期短缺的住宅建设,解决了劳动力不足问题。在有效利用 20 世纪 50 年代大型 PC 版住宅工业化建设技术的基础上,研发了基于大型 PCa 工法的 SPH (Standard of Public Housing,公共住宅标准),并在日本全国大规模建设。1964 年,住宅公团建立了批量生产试验场,开发了使用水平钢模板、蒸汽养护的工厂制作技术,开始大力推广 PCa 工法;为了向高层发展,也进行了 PCa 板中结合 H 形钢(工字钢)的 HPCa 工法的开发。随着住宅数量趋于饱和,在公共住宅中,出现了 NPS (New Planning System,新标准设计系列)多样化系列等标准设计方法。日本开始从各种方向对提高住宅建设质量进行探索。

"数量质量并重":1965—1980 年,随着日本经济发展,生活水平提高,人们对住宅的需求也从数量逐步转向质量。1965 年制定的《日本住宅计划法》为住宅产业提供了新的发展目标,"以应急需"的简易住宅逐渐被优良住宅所代替;经历了石油危机后,大规模建设的时代已结束,更为灵活的 NPS 取代了 SPH,SPH 是标准化户型,而 NPS 是设计规则,既能维持 PCa 的有效性和生产效率,又能充分应对各种具体需求。

"综合品质提升":20 世纪 80 年代以后,日本居民收入持续较高水平增长,家庭平均拥有金融资产为 13.5 万美元。1985—1990 年,日本 GDP 从 1.35 万亿美元增至 3.03 万亿美元,是中国同时期 GDP 的 8 倍左右,日本国民开始追求住宅的高级化、个性化和多样化,对居住条件的要求越来越高。因此,日本政府将住宅政策的重点从支持住宅直接投资向住宅直接投资和间接投资并重的方向发展,政策既对公库、公团、公社住宅给予资助,同时又大力支持住宅信贷,促进居民自建自购住宅,住宅产业的发展重点转向住宅的个性化、功能性和居住环境,完成了产业自身的规模化和现代化的结构调整。通过市场需求的引导,20 世纪 80 年代末推出了采用部件化、工业化生产方式、高生产效率、住宅内部结构可变、适应居民多种不同需求的"中高层住宅生产体系",PCa 工法的目的和方法也发生了很大变化。与纯剪力墙 PCa 工法不同,高层住宅的 PCa 化不是成套的固定工法,而是根据时间、地点、建筑物特点,具体进行梁、柱、楼板等各部位的工法选择;预制件的形式也大量出现半 PCa 化,留出现浇的部分有利于保证建筑物的整体性。这与纯剪力墙少品种、大批量的生产方式有很大的区别。另一特点是预制组装工法不限于钢筋混凝土结构,也可用于钢骨钢筋混凝土结构和预应力混凝土结构,还发展出预应力组装工法(PCPCa 工法),

构件与构件之间不需要钢筋或钢材连接,通过钢索施加的预应力保证结构的强度和整体性;在日本,建筑业经历了从标准化、多样化、工业化到集约化、信息化的不断演变和完善,建造的预制混凝土结构经受住了 1995 年阪神 7.3 级大地震的考验。20世纪 80 年代末,日本建设省(现为国土交通省)将"提高居住功能开发项目"作为重要目标,开始了"百年住宅建设体系认定事业",形成了 CHS(Century Housing System,百年住宅系统)并持续至今。

欧洲的建筑工业化发展以德国为代表,像传统工业化一样经历了从建筑工业化 1.0 向 4.0 的发展阶段,1.0 是机械化制造时代,2.0 是工厂自动化制造时代,3.0 是信息化及高自动化工厂柔性生产制造时代,4.0 是人、建筑与智能化生产构建而成的高度灵活的、个性化的智能制造时代。

在这一过程中,德国也经历了类似的供给侧及质量发展阶段。

"二战"结束后,德国住房状况极为困难,70%~80%的房屋遭到破坏,加之战后城市人口的急剧增加,住房问题十分突出。1950 年,德国政府颁布了《住房建筑法》,旨在解决住房供不应求的问题。在 1949—1982 年的 33 年中,德国每年的建房投资平均占 GDP 8%左右,平均每年建房 50 万套。政府大力建造类似我国保障性住房的"社会福利性住宅",占同期新建建筑的 49%,住房紧张状况得以缓解直至消失。在这一过程中,德国政府的政策导向逐步过渡,同地区环境、经济结构联系起来,使住宅产业化与工业化结合,协调发展成为以市场需求为导向的建筑工业化。20 世纪 60 年代末,德国通过了《地区中心建设纲要》,要求在全国建立高、中、初三级地区中心城镇,其中还有大城市中心和具有首都职能的城市,分不同层次制定了居民居住、交通、生活环境等发展目标,强调围绕住宅建设的发展,进行城镇公共建筑设施、交通和环保共同建设。在这一大的政策背景下,到两德统一的 1990 年,德国GDP 总量约 1.37 万亿美元,与日本 1985 年的 GDP 水平接近,并通过行业联盟平台等技术机构,逐步形成了建筑工业化领域的《欧洲规范》、《预制混凝土构件质量统一标准》(EN13369)、《模式规范》(MC2010)等,为预制混凝土建筑行业发展提供了助力,保障了欧洲建筑工业化水平的发展与欧洲工业化发展的有效协调,达到目前领先全球的水平。

对比日本和欧洲在政府政策导向方面的经验,不难发现,二者在 20 世纪八九十年代的建筑发展阶段,与我国目前类似,都经历了建筑工业化发展的供给侧改革,建筑建设从数量向高质量发展,政府都出台了具有本地特色又符合产业发展规律的政策。借鉴日本和欧洲同一阶段建筑工业化发展的政策及技术发展经验,我们能够更加理解我国建筑工业化的发展前景,即高质量、个性化、供给侧发展是建筑工业化发展到一个新阶段的必然选择，这也是根据新结构经济学的原理，最符合中国目前发展的情况。研究欧洲、日本在此期间的技术体系，实施以设计为主导的建筑产品工业化的设计、生产和人才培训方式，对我国未来的建筑工业化发展具有很强的现实意义。

（二）技术体系进步逐步夯实建筑工业化发展基础

装配式建筑产业是国家重点发展的战略性绿色产业，是建筑工业化的重要组成部分，它具有标准化设计、工厂化生产、装配化施工、一体化装修、信息化管理等特征，是建造方式的根本性变革。

随着政策力度的逐步增强，国内建筑工业化技术的发展已经从企业自身行为逐步上升到行业整体发展的层面，在很多关键技术领域取得了突飞猛进。

回顾我国建筑工业化发展历程，早在 20 世纪七八十年代，便通过大规模引进欧美、日本等地的技术与设备，建起了建筑构件厂、门窗厂等产业门类齐全的建筑工业化生产体系；提出了建筑工业化的"三化一改"方针，即设计标准化、构件生产工厂化、施工机械化和墙体改革，重点发展了大型砌块住宅体系、大板（装配式）住宅体系、大模板（内浇外挂）住宅体系和框架轻板住宅体系等；并推广住宅标准化设计图集，建造了一大批 PC 大板体系、预制装配式住宅。但由于当时的经济、技术条件等因素，出现了外墙渗漏、保温性能不佳、户型单一等问题，同时由于现浇混凝土技术的快速发展和应用技术的大幅提高，商品房对户型要求标准提高，在 20 世纪 90 年代初期，大板式建筑的发展进入了停滞阶段。近年来，由于住宅标准化的推行、城镇化的持续发展、劳动人口结构的变化以及建设"两型社会"对节能减排的迫切要求和巨大的住房需求，装配式建筑再次成为行业发展的关注点。特别是在 2013 年全国政协双周协商会提出"发展建筑产业化"之后，国家和行业发展政策再次向装配式建筑技术倾斜，推动国内大批企业、研究机构和行业协会积极参与研究和探索，部分地区和项目建设实践也取得了一定的经验和初步成效，并且产生多个新型装配式技术体系，主要包括内浇外挂体系，预制装配式框架、框架-剪力墙体系，装配式剪力墙体系，叠合板式混凝土剪力墙结构体系，PK 快装体系以及世构体系等。

1. 主要技术体系简介

（1）内浇外挂体系。内浇外挂结构，又称"一模三板"，内墙用大模板以混凝土浇筑，墙体内配钢筋网架；外围护结构挂预制混凝土复合墙板，配以构造柱和圈梁。内浇外挂体系便于施工，可加快进度，提高建筑的工厂化加工程度，在确保工程质量和抗震能力的前提下节省建设投资。该体系主要的施工特点如下。

• 现场机械化施工程度高，工厂化程度高；

- 外墙挂板带饰面,可减少现场的湿作业,缩短装修工期;
- 实现保温层与结构等寿命;
- 外墙挂板构件断面尺寸准确,棱角方正,显著提高门窗安装质量;
- 适用于20层以下有抗震要求的高层建筑,全部横、纵剪力墙均用大模板现浇,而非承重的外墙板和内隔墙板则采用预制的钢筋混凝土板或硅酸盐混凝土板。

（2）预制装配式框架、框架-剪力墙体系。预制装配式框架结构体系按标准化设计,根据结构、建筑特点将柱、梁、板、楼梯、阳台、外墙等构件拆分,在工厂进行标准化预制生产,现场采用塔吊等大型设备安装,形成房屋建筑。现场施工除基础和构件节点等部分采用混凝土现浇外,主要为机械化安装,安装顺序为墙、柱→梁→板→楼梯、阳台→外围护墙体。施工速度快,效率高,现场工人数量大大减少。钢筋连接及锚固全部采用机械连接和锚固形式。外装饰材料以整体预制在柱、墙体、阳台等构件上,接缝采用嵌缝材料和防水材料嵌填。框架、框架-剪力墙结构在公建等项目上应用较广。

（3）装配式剪力墙体系。装配剪力墙结构是"装配式混凝土结构"的一种类型,其定义是混凝土结构的部分或全部采用承重预制墙板,通过节点部位连接形成可靠传力机制的混凝土剪力墙结构。墙板在施工现场拼装后,采用墙板间竖向连接缝现浇、上下墙板间主要竖向受力钢筋浆锚连接以及楼面梁板叠合现浇形成整体的一种结构形式。装配式剪力墙结构采用套筒灌浆连接方式,由于套筒连接方式成本高、构件加工精度要求高以及现场安装难度大等因素,宇辉集团开发了螺旋筋约束浆锚连接,中南建设集团开发了波纹管浆锚连接,并在各自的工程项目施工中得到应用。装配式剪力墙体系是目前国内装配式住宅建筑实施最多的技术体系,技术发展较为成熟。

（4）叠合剪力墙体系。源于欧洲的叠合剪力墙体系,是以叠合墙板和叠合楼板为主的剪力墙结构建筑体系,采用混凝土现浇湿连接方式,受力钢筋采用搭接的方式。这一体系通过宝业集团与德国西伟德公司的合资合作引入中国,已在安徽、江苏、浙江等地建立了地方标准,上海的地方标准也已在编制过程中。

（5）PK快装体系。PK是中文"拼装、快速"的首写字母,PK快装体系由重庆大学校长周绪红教授、湖南大学吴方伯教授以及山东万斯达集团有限公司研究完成。PK叠合板的全称为PK预应力混凝土叠合板,俗称PK板,是一种新型装配整体预应力混凝土楼板。它以倒"T"形预应力混凝土预制带肋薄板为底板,肋上预留椭圆形孔,孔内穿置横向非预应力受力钢筋,然后再浇筑叠合层混凝土,从而形成整体双向受力楼板。

（6）世构体系。1999年,南京大地建设集团和法国PPB预制预应力房屋构件国际公司合资合作引进世构技术体系,全称为键槽式预制预应力混凝土装配整体式框架结构体系。其原理是采用预制或现浇钢筋混凝土柱,预制预应力混凝土叠合梁、板,通过钢筋混凝土后浇部分,将梁、板、柱及键槽式梁柱节点连成整体,形成框架结构体系。全国第一条由南京大地建设集团和法国PPB预制预应力房屋构件国际公司合资建成的"世构体系(SCOPE)生产线"已在南京建成投产。

从我国目前主要的技术体系应用现状可以看出,大部分关键技术体系多为从德国、日本等国家引进后加以改进,在设计和施工过程中仍存在着诸如技术体系不完善(适应不良)、标准化低、基础研究不足、检测方法缺失、成本较高等缺点,工程应用也缺少时间检验。

虽然我国装配式建筑产业仍存在着各种问题,但自2010年以来,我国建筑工业化技术体系的发展速度在逐渐增快。特别是在政府政策引导下,2016年至今,装配式技术研究呈井喷式发展。

结合国内外各装配式建筑体系的优缺点、发展趋势、适用范围,我国自己的建筑工业化技术体系发展也在逐步夯实,并将在以下领域有进一步的发展:

- 政府和协会层面正在制定装配式统一标准,包括设计标准化、建筑模数化,以提高构件模具利用率。
- 从目前标准的推动情况来看,未来主体结构和内装分离的住宅体系占比会逐步提高,整体厨卫的工程占比也会同步提高。
- 多样化装配式结构体系基础研究已经多方展开,已经有充分的结构性能和抗震试验研究作为基础,根据适用性条件不同,多低层建筑将更多采用干式连接形式提高装配效率,多层及抗震要求更高的高层建筑也可以推动取消边缘构件的强制要求。
- 在重要建筑以及抗震等级要求高的建筑物中,大力推广预制隔震垫及预制减震构件的使用。
- 越来越多的企业在生产、施工管理精细化、数据化、自动化方面进行了长足的尝试,有效提高了构件预制精度和施工精度及施工效率。
- 绿色装配式建筑技术将进一步发展。

2. 技术体系进步实践案例:镇江新区港南路公租房模块住宅项目

(1)工程概况。镇江新区港南路公租房小区是国内首个采用模块建筑体系技术设计建造完成的高层居住建筑。建筑面积总计13.78万 m^2,其中地上9.04万 m^2,单体建筑层数为地下2层、地上18层,抗震设防烈度为7度(0.15g),设计使用年限为50年。项目建筑、结构平面以及效果如图:

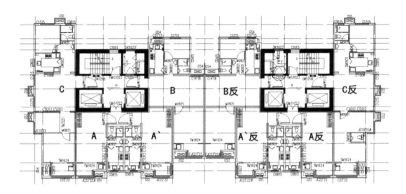

图 2-97 参考研究建筑标准层平面图

（图片来源于项目设计院）

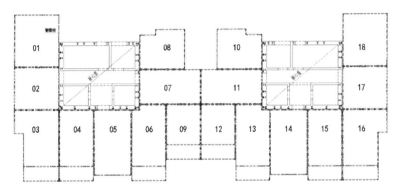

图 2-98 参考研究结构标准层平面布置图

（图片来源于项目设计院）

图 2-99 参考研究示范工程效果图一

（图片来源于项目设计院）

图 2-100　参考研究示范工程效果图二

（图片来源于项目设计院）

（2）项目技术特点。

① 创新性采用模块-核心筒建筑结构体系。项目采用的是一种新型结构体系：模块-核心筒混合结构。体系中的模块主要承担竖向荷载；核心筒为钢筋混凝土结构，按承担全部的水平作用考虑，并承担自重。

② 建筑空间设计模块化。建筑设计中，充分考虑建筑功能、设备系统设置、运输条件限制、现场吊装的场地限制、吊装顺序、吊装装置、防水抗渗措施等多种因素，把建筑物非核心筒部分划分成若干个尺寸适宜运输的任意形状预制集成建筑模块。

③ 设计制造集成化。项目中采用的预制集成建筑模块是一种功能集成的建筑单元，组成模块的部品构件均在工厂集成生产，模块建筑设计强调各设计专业之间的协同，尤其是建筑全装修设计应从建筑方案设计阶段介入，与建筑设计各专业充分协调，贯彻建筑装修一体化的设计理念。

④ 生产施工精细化。预制集成建筑模块生产严格控制制作精度，构件加工及组装制作加工精度可达毫米级，模块现场吊装拼接过程配备专业测量组及精细化机具，复核校正施工偏差，保证模块拼接质量及可靠性。

（3）项目建设概述。整体工程项目采用模块化工厂标准化生产、现场装配式整体吊装的方式进行。从组织施工效率来说，模块建筑从墙体、楼板的制作、养护，构件及部品安装，水电通风施工，墙面处理，门窗安装到家具部品安装，均在工厂协同进行，且工厂生产以及现场施工可同步交错进行，极大提高了建造效率。从现场施工速度来讲，模块建筑现场组装，可以做到 1 台吊车 1～2 天一层，速度远快于传统建筑建造方式，也优于现行主流装配式 PC、钢结构建筑技术体系。本工程于 2019

年完成整体竣工验收，以下是项目建设过程以及竣工图。

图 2-101　参考研究示范楼完成最后一个模块吊装

（图片来源于项目施工单位）

图 2-102　参考研究示范工程建设现场

（图片来源于项目施工单位）

（4）模块工业化设计建造技术研究与实践。模块（module）建筑体系技术是源于欧洲的一项工业化建造技术，是指采用工厂预制的集成模块在施工现场组合而成的装配式建筑，也可以是与框架、剪力墙、筒体结构等抗侧力体系共同组成的装配式

图 2-103 参考研究示范工程建设完成照片
（图片来源于项目施工单位）

建筑。该体系中的集成模块指具有建筑使用功能的集成模块建筑单元。该建筑单元在工厂预制完成，是由钢结构主体结构、楼板、吊顶、内装部品组合而成的具有集成功能的三维空间体，并满足各项建筑性能要求和吊装运输的性能要求。模块建筑体系在设计时把建筑物非核心筒部分划分成若干个尺寸适宜运输的任意形状预制集成建筑模块，建筑平面和立面设计基本不受模块划分的限制，是一种设计灵活度较高的建筑体系。

此预制集成建筑模块在欧洲已经过多年的工程应用，技术成熟度较高，整体可实现在工厂完成 80％以上的主体结构组装和 90％以上的部品安装，建设工期比传统建筑工艺工期缩短 50％以上，现场建筑垃圾减少 85％，而且 95％的建筑垃圾可实现回收利用，施工周期短，绿色度高。

目前在欧洲非抗震区的已建成模块建筑体系项目中，建造高度最高已达到 40 层，因此这是一种比较彻底的工业化、标准化建造技术，非常契合我国当下建筑产业化发展环境以及未来技术发展的方向。但技术在我国落地，需要对这种结构体系进行技术改型和改型后的抗震性能研究，形成的模块抗震改型与创新优化技术成果，将可广泛应用于我国地震区住宅、公寓、旅馆、办公等建筑，为我国的工业化建筑拓展新的发展思路。

此项目的成果后来进一步应用在河北雄安市民服务中心项目，代表了国内在技

图 2-104　工厂化制作装配式施工完成建筑效果

（图片来源于项目施工单位）

术体系创新领域的一种体系的研发及进步,同时项目均按照 EPC 管理模式进行施工管理。

（三）工程管理模式变革带来的建筑工业化发展

技术发展的同时,建设生产的组织管理与工程管理模式变革,也是建筑工业化领域需要重点研究的方向。

针对建设生产组织管理与工程管理模式变革,政策层面已经开始发力,推动传统的工程管理模式逐步向建筑工业化方式进行调整。

从我国目前的建设管理与产业组织模式来看,建筑工业化产业组织模式的构建存在着诸多障碍,不仅阻碍着建筑工业化的进步,也制约着当前建筑业的发展,使得建筑业与制造业相比效益低下,利润偏低。

改变这种状况的途径之一,是调整现有的建筑业产业结构与建筑产业的组织模式,建立立体化、多层次的产业协作与竞争体系——建立以大型设计或者建设施工总承包企业为核心,以中小型专业化企业为分包商、供应商或协作企业多层级的建设产业链,而目前工程管理模式大量使用 EPC 总承包模式的变革,为建筑工业化发展所适合的工程管理模式打下了一定的基础。

通过工程管理模式变革,一方面可以有效减少建设市场中直接参与总承包竞争企业的数量,缓解市场竞争程度,避免由于恶性竞争而导致的全行业低利润的状况,使企业获得足够的研发能力;另一方面,通过增加专业承包商数量,强化专业承包在市场中的地位,可促进建筑业微观生产的专业化与工业化的发展,从而带动全行业的工业化进程。

同时,基于中小建筑施工企业的有效分工协作,可以使大型建设施工企业具有更强的生命力,更好地承接大型建设项目;而依托于大型建设企业,中小企业也可以避免直接面对激烈的市场环境,以分包商、协作商、供应商的方式参与项目建设,获得相应的利润。这种多级的产业分工协作体系,在制造业已经成为主流的产业组织模式之一,即集成制造系统(Integrated Manufacturing System)。

因此,借鉴制造业的生产组织与产业组织模式,建筑业以总承包商为核心、基于分包与协作而形成的产业组织模式也可称为集成建设系统(Integrated Construction System)。从目前建筑产业管理的相关研究进展来看,借鉴制造业成熟的概念、理论与方法,改革建筑业的产业组织模式、产业流程、项目管理方法以及企业管理方式,已成为工程管理的热点之一。

目前国内在建筑工业化领域领先的企业,已经基于 EPC 的工程管理模式创新了一些新的工程管理模式,比如中建科技推出的 REMPC,即"研发、设计、制造、采购、管理"五位一体的工程总承包模式;武汉美好集团推出的 SEPC,即服务至上,包括从技术服务、产品集成、生产、物流、装配、装修、总包、向小业主交钥匙、终身维保等贯穿全 EPC 产业链的各个环节内容。这些工程管理模式的创新,都适应了向建筑工业化发展的特色与当前的市场环境,从而也为建筑工业化发展带来了更多的机遇。

典型案例有中建科技以 REMPC"五位一体"新型工程总承包模式打造的吉林省第一个装配式建筑——台北阳光新区项目。

台北阳光新区项目位于长春市青丘路以南,青年路以东,台北大街以北。主要用途为住宅、商业和幼儿园。总用地面积 75 347m²,总建筑面积 14.9 万 m²,地上建筑面积 12.03 万 m²,地下建筑面积 2.87 万 m²。项目规划用地分为 A、B 地块,1♯—25♯建筑层数为负一至十八层。其中 4♯—6♯、9♯—12♯七栋为装配式建筑,装配式构件包含预制三明治外墙板、内墙板、空调板、阳台板、楼梯、叠合板、叠合梁和转角 PCF 板八大类,基本涵盖了装配式建筑的全部构件类型,平均装配率为 76%,最高装配率为 80.3%,是东北地区乃至全国装配率最高的项目之一,也是国家出台《装配式建筑评价标准》后,吉林省第一个真正意义的装配式建筑,具有很强的示范引领作用。

2019 年 6 月 26 日,住建部科技与产业化发展中心、长春市建委成功举办了长春市首届装配式建筑系列推广活动,项目为活动的唯一观摩项目。

依托中建科技的总承包优势,项目采用了中建科技首倡的"研发＋设计＋制造＋采购＋

图 2-105　项目效果图
(图片来源于项目施工单位)

施工"REMPC"五位一体"的新型工程总承包模式。这一模式打通了装配式建筑的全价值链,有助于实现项目的价值增值。

图 2-106　REMPC 模型
(图片来源于中建科技集团)

1. 研发阶段

项目采用中建科技研发的首层装配、预制内外墙与叠合梁复合、外墙保温装修一体化等装配式混凝土剪力墙结构技术。

2. 设计阶段

由中建科技对建筑、结构、电气、给排水和暖通等全专业进行统一设计与管理。采用 BIM 技术进行方案优化、施工图设计、碰撞检查、预制构件拆分和模具设计,做到了在设计阶段即充分考虑采购、生产和施工的要求,从而达到降低成本、缩短工期和保证质量的目的。

3. 制造阶段

预制构件均由中建科技自有工厂——中建科技长春有限公司 PC 工厂生产,形成完整的装配式建筑产业链,为项目进度、成本和质量控制提供了有效保障。为保证构件生产质量,项目部安排专职质检员,对原材料检测、模具安装、钢筋隐蔽验收、混凝土生产及浇筑、构件养护、构件出厂质量验收等关键环节进行驻厂监造。

4．采购阶段

项目通过公开招标择优选择分供商，大宗材料由公司集中招标采购，以确保工程质量，降低采购成本，并利用云筑网进行线上招标，实现了快速、高效的无纸化办公。

5．施工阶段

以项目经理为核心，工程部、技术部、安全部和商务部为主导，对现场工程进度、质量、安全和成本进行一体化管理。通过穿插流水作业、劳动力科学调度、施工场地优化布置、商务合约精细化管理和全面质量管理等有效措施，保证了项目完美履约。

三、实施：数据化设计主导的建筑工业化

（一）建筑的产品概念

要厘清建筑设计在建筑工业化中的作用，我们首先需要明晰一个认识，即在建筑工业化的概念基础之上，建筑是否应该被视作一个工业产品。中国正处于工业化和城镇化的高峰期，一方面我们的生活充满工业制品，另一方面我们仍然居住在质量与性能差强人意的建筑中。我们在关注建筑形态的时候，极少关注部品间的逻辑关系与系统性能的关联；我们在关注建设成本的时候，极少关注子系统的匹配与全周期的成本关系；我们在关注建设量的时候，极少关注使用效果与精神层面的满足感。

在工业设计中，产品设计涵盖了企业的形象、用户需求挖掘、用户体验分析、未来流行趋势等几个重要方面，以及制造生产、包装运输、品牌推广等各个环节。汽车设计、服装设计、家具设计都属于工业产品设计。但是在我国，作为经济体系中重要支柱产业的建筑业，其建筑设计与工业设计在理念范畴与工作流程方面与发达国家相比仍有较大的差异和距离。

现象一：业主主导的建筑设计。很多建筑行业的产品设计都是业主主导的，所谓的设计师仅仅是制图者。这样一种状态带来的是一种恶性循环，业主的逐利思维，设计师的能力缺失，实施者的低价中标，无一不使我们越来越远离产品设计的概念。

现象二：建筑师的主导能力缺失。现有的市场模式、管理体制、教育体制下产生的建筑师，往往在建设过程中缺乏主导权，进而形成在技术创新、体系优化、产品升级、成本与性能控制等方面的能力缺失，导致在很多新技术的推进过程中都罕见

建筑师的身影。因此,我们急需在建筑行业建立产品的概念。只有将建筑视作产品、即工业产品时,我们才有可能实现建筑品质的跨越式提升,我们的客户才会拥有更好的生活体验,我们才会真正实现拥抱高质量科技生活的梦想。

工业化和信息化已经变成不可阻挡的时代趋势,我们必须清晰地认识到,我们已经站在建筑业转型的路口,要从理念、技术和行动上都有所转变,其中首当其冲的就是对设计的再认识。

(二)对设计的再认识

近年来在政策引导下,建筑工业化进入了跨越式发展的阶段,每年都有数百家新建预制工厂投入运营,为了满足当地住宅建设的需要,响应政府号召的装配式建筑产业基地不断落成。但现实结果却是,新投入的工厂产能得不到释放,或是以工业化 1.0、2.0 的低效率方式生产。在这种状况下,大家或许才能认识到,建筑工业化不是仅仅投资建设一个预制工厂就能实现的,而是需要以一种全新的工业化思维方式来实施。

相比于现浇混凝土建筑,工业化建筑在建筑技术、建筑结构、预制生产和装配过程等方面的跨学科相互关联程度都更为复杂,且不是每一个现浇混凝土建筑结构都可以 1∶1 地转换成装配式建筑结构。所以在对采用装配式技术的工业化建筑进行设计时,需要在项目之初就制定一个全面的一体化综合方案,而不是在完成方案设计甚至施工图设计后再进行所谓的装配式设计或预制构件拆分设计。

工业化建筑的方案设计需要全面考虑建筑理念、制造逻辑、建造工艺、成本效益的结合,需要建筑设计师具备更全面的综合能力,同时也需要更完备的建筑设计协同能力和更高的设计质量。工业化建筑设计与传统建筑设计的不同不仅仅在于设计精度方面,更为重要的是工业化思维方式的转变,设计不仅仅需要满足功能,同时需要集成工厂复杂的生产工艺、制造细节,安装工艺的解决方案,还要思考如何应对不断变化的边界条件。这个过程与传统的建筑设计非常不同。传统的建造过程,几乎完全发生在施工现场,即使设计有些细节上的错误,也能够及时在现场改进,甚至经常会有边设计、边施工、边修改的情况。而工业化建筑需要高质量的设计规划工作,高质量无缺陷的产品设计必须在预制构件生产和建筑施工开始之前完成,产品一经确定,出现的设计缺陷或施工错误,便需要付出比传统建造方式更高的经济成本和时间成本进行修复。这正是产品设计的特点。

（三）设计的几点概念再思考

基于对设计的重新认识，提出以下概念的再思考，以期在理念上逐步形成行业共识。

1."装配"的概念

在工业化制造领域，装配是指将零件按规定的技术要求组装起来，并经过调试、检验，使之成为合格产品的过程，装配始于装配图纸的设计。在建筑领域，我们尝试用制造业的思维方式进行思考，提出装配的概念。因此，不能狭义地将装配等同于现场作业。装配的实施过程至少还应考虑以下事项：

- 保证产品质量，延长产品的使用寿命；
- 合理安排装配顺序和工序，尽量减少手工劳动量，满足装配周期的要求，提高装配效率；
- 综合考虑生产、运输和安装的效率，尽量减少二次运输；
- 尽量降低装配成本；
- 通过样品确定工业化生产的工艺与装配的标准；
- 组装起来，并经过调试、检验，使之成为合格产品。

案例：镇江港南路公租房——国内首个工厂化装配式模块建筑体系项目

该项目建于 2012—2016 年，采用预制集成建筑模块进行建筑设计、生产与建造，其中的预制集成建筑模块根据标准化生产流程和严格的质量控制体系，在模块组装工厂车间流水生产线上制作完成，其制作加工精度高，厨房、卫生间可标准化定制生产，管线系统高度标准化，室内精装修甚至清洁全部都可在工厂完成，是一种较彻底的工业化、标准化建造技术产品，有效实现了建筑业与制造业的技术融合。

该项目的实施，是中国建筑设计院将建筑建造转变为制造＋装配的首次尝试。通过该项目，我们意识到"装配"是具有系统性的，是一个复杂且综合的过程；意识到建筑设计需要考虑工厂的制作精度以及现场的安装精度；意识到成本的降低不仅仅包括材料成本、运输成本和安装成本，还包括生产效率、施工效率、管理效率等；意识到设计的集成作用与主导作用的重要性，以及我们现有的缺失；意识到在自动化、数字化的基础上，制造的标准化并不是尺寸和空间的标准化，而是工艺、技术和链接的标准化；意识到产品制作、验收与建筑传统的施工、验收间的冲突，以及政府管理归口间的协调需求。总之，本项目使我们开始对建筑向制造转变进行思考，使我们从更广义的层面去认识装配的概念，也拓宽了装配技术创新研发的视野。

图 2-107　装配式模块建筑体系工厂生产

（图片来源于项目设计院）

图 2-108　镇江港南路公租房项目室内

（图片来源于项目设计院）

2."系统化"的概念

系统化是指采用一定的方式，对已经确定的产品或者工艺进行归类、整理或加工，使其集中起来，做有序的排列和连接，以便人们更好地使用。在工业化建筑的实施过程中，系统化的工作就是顶层设计。我们在关注技术体系的同时，要尤其重视接口技术实施的可行性，并确保制造理念在设计与管理中贯穿始终，即将工业化建筑看作一个系统工程去实施。在设计方案之初，务必要开展产业化技术选型的工作，将产业链条中的设计、制造、施工、运维等环节的技术体系在前期统一进行顶层设计，制定技术方案。良好的系统化思维和顶层设计可以为后期的项目实施节约大量的成本，避免不必要的工作反复带来的资源浪费和时间浪费。

案例：雅世合金公寓——国内首个 SI 装配式内装技术体系项目

该项目建于 2008 年—2012 年，是中国与日本在住宅领域进一步深化交流、合作开发的示范项目。日本的住宅产业化程度非常发达，项目尝试将日本的先进理念和技术在我国落地，实践了我国新型工业化建造模式，将结构体与内填充体系分离（SI），是我国装配式内装技术体系的一次有益尝试。雅世合金公寓项目所实践的装配式内装技术体系为我国的装配式建筑体系研发打下了坚实的基础，也证明了我国装配式住宅有良好的发展潜力。

该项目的实施，让我们建立了装配式技术的系统性概念，图 2-109 是在该项目中采用的装配式内装技术体系的系统。项目实施之初，首先确定了百年住居的建设理念；在此理念下，制定了耐久性、可变性、高效性、灵活性的设计原则；在此原则下，筛选、协调并最终确定了二十多种技术，包括清水混凝土配筋砌块结构、全生命周期可变户型、大开间结构体系、发泡聚氨酯内保温体系、干式地板采暖、整体浴室、烟气直排系统、新风换气、降板式同层排水与多通道排水管件、干湿分离式电气管线敷设

图 2-109　雅世合金公寓项目
（图片来源于项目设计院）

等。上述技术体系的确定并不是单一技术的堆砌和罗列，而是经过系统化的整合、接口技术的协调和综合成本测算后，才最终确定的。并且在项目正式实施之前，要通过样板工程确定所有的工艺工法以及验收标准，之后才开始装配式建造。通过该项目，形成了装配式内装的设计导则、建造指南、管理流程以及产品体系，也为之后国内的装配式内装及 SI 技术理念的推广奠定了不可或缺的基础。

图 2-110　装配式内装技术体系的系统
（图片来源于项目设计院）

3."集成化"的概念

集成化是指为实现特定的目标,集成主体创造性地对集成单元(要素)进行优化,并按照一定的集成模式(关系),构造一个有机整体系统(集成体),从而更大程度地提升集成体的整体性能,适应环境的变化,更加有效地实现特定的功能目标。技术集成强调创造性,通过发挥设计人的创造力和主动性,把独立的、适宜的集成技术超越一般性的结合,有机地聚合在一起,充分实现优势、功能及结构的优化互补关系,从而使得建筑产品发生质的跃变,整体效果获得放大。可以说,创造性思维要素是集成化的核心,实现整体优势以及整体优化是最终的目标。工业化建筑的"集成化",可以更好地实现产品部件化,实现空间、成本、人力的节约。例如,可以将隔墙与收纳一体化集成设计,将分隔、收纳、装饰、布线等多种需求进行综合考虑并整体解决,可以降低成本,节约工期,实现空间的完整性和功能的多样性。但集成化的实施需要注意一个"度"的把握,要实现集成度与灵活度的双重目标。因此在做集成设计和部品选择时,既要考虑建造的方便,还要考虑后期使用与维修更换的方便,这一方面需要设计师的系统化思考,一方面需要有好的部品与产品的支持。

案例:兰州鸿运润园住宅项目——国内首个中日技术集成住宅项目

项目建于2008—2012年,位于经济欠发达地区兰州,进行了装配式内装体系的本土化实践。该项目在室内装修的家具集成设计、设备设施成套设计、太阳能技术及智能化技术等精细化设计和集成化设计方面形成了成果,并通过了国家住宅性能评定的三星级标准,申请了三项国家专利技术,为西北建筑产业化发展进步作出了重要贡献。

该项目的实施,是早期装配式技术在经济欠发达地区的尝试,同时也是装配式技术做本土化技术开发与落地的有益探索。该项目并不是照搬日本技术,而是中日技术充分交流合作的结果,是双方技术优点的综合应用,通过技术的引进和改良,建立了适合中国住宅市场的技术集成住宅体系。具体实施过程包括客户基本需求分析、精细化整合设计、全装修协同设计及装配化与部品化的施工,图2-112是户型精细化整合设计的过程。项目最终实现了打造基本符合各阶

图2-111　兰州鸿运润园住宅项目
(图片来源于项目设计院)

段、各阶层、各类型人群需求,最大限度简约精致的集约化宜居住所的目标①。

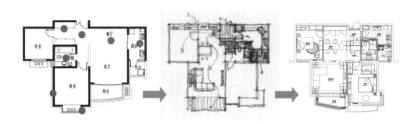

图 2-112　精细化设计过程
(图片来源于项目设计院)

4."一体化"的概念

一体化是指多个原本相互独立的实体通过某种方式逐步在同一体系下彼此包容、相互合作。建筑作为一个系统工程,一体化的概念是多维度的。其核心的技术是顶层设计,即运用系统论的方法,从全局的角度,对某项任务或某个项目的各层次、各要素统筹规划,以集中有效资源,高效快捷地实现目标。

在工业化建筑设计中,如何通过一体化的理念运用实现系统性的工程建设,显得尤为重要。例如,建筑方案设计如何与装配式建筑体系的选择结合考虑,规划设计、景观道路设计如何与装配式建筑的施工堆放场地、运输道路、吊装机具设置等结合考虑,还有建筑立面设计如何与装配式结构体系的选择、构件加工设计结合等问题,这些都是需要通过一体化的顶层设计提前考虑的。只有真正做到了理念一致、功能协调、结构统一、资源共享、部件标准化,才能实现一个真正完整的装配式建筑项目,并且实现节约资源、降低成本、提高质量的目标。

案例:丰台桥南王庄子居住项目(泽信公馆)项目——获得百年住宅设计认证和绿色三星设计认证的装配式内装商品房项目

项目建成于 2018 年,将绿色、装配、品质作为重要的三要素,以科技住宅提升居住品质为建设和推广理念,在商品住宅中大力推广产业化新技术,并取得市场的广泛认同。项目采用了数十项绿色及产业化技术,打造了绿色、高品质的百年住宅示范住区。

该项目全过程贯彻了一体化的设计理念,从设计初期就提出了建筑产业化、建筑长寿化、品质优良化、绿色低碳化的"四化"目标,建立装配式集成技术体系;同时建立各专业的统一与协调标准,有效地保证了设计理念前后的一致性和完整性,实

---

① 中国建筑设计研究院:《技术集成住宅的本土化实践》,北京,中国建筑工业出版社,2015。

现了高品质的设计质量。项目在设计之初，户型设计与环境性能设计、景观道路设计与市政设计、技术选型与装修设计、BIM设计与运营管理等协同开展，实现项目从设计-实施-使用-运维、建筑功能-结构体系-立面选型-景观系统-市政管线等多维度的顶层一体化设计和协同。

图 2-113　北京丰台泽信公馆项目

（图片来源于项目设计院）

5. "成品"的概念

在制造业领域，成品是指企业已经完成全部生产过程并验收入库，合乎标准规格和技术条件，可以按照合同规定的要求送交订货单位，或者可以作为商品对外销售的产品。房屋建筑是一种建筑产品，在建筑经济学中，装配式建筑产品的概念，是指建筑业向社会提供的，具有一定功能、可供人类使用的最终产品，是经过勘察设计、建筑施工、构配件制作和设备安装等一系列劳动而最终形成的。

产品是有标准的，与部品、部件、半成品有着本质上的不同。当我们从完整的、可使用、可交易的产品的角度去审视、分析、界定建筑时，不难发现建筑也是一种产品，一种具有一定使用功能、具备必要使用条件、可使用、可交易的产品，这一结论界定了建筑的目的性、产品特性和商品属性。

很明显，我国的毛坯房不是一个完整的建筑产品，不具备完整的建筑产品性能评定要素，只能叫做建筑半成品。要从建筑半成品发展到成品，其间存在着资源浪费、产业结构不合理的现象。为解决以上问题,有必要建立建筑成品论,即以建筑成品为研究对象,拆分梳理其制造过程中设计、生产、装配、运维等要素的关联性;用现代科技手段实现完整的建筑成品的制造,并保证其科学性、实用性、安全性、多样性;强调建筑的整体性,过程的关联性和结果的安全性。

(四)设计的主导作用

建筑工业化的生产目的,就是使尽可能多的部件通过预制的方式批量自动化生产,然后运到施工现场,组装成一栋栋个性化的建筑物。在确保高质量建筑的前提下,快速和经济地满足住宅和商业地产的巨大需求。但是,有非常多的案例表明,仅仅投资一个预制混凝土构件生产工厂并开始实施工业化建筑项目,失误几乎不可避免;或者仅仅简单拼凑起来一支设计施工的团队,而主导为预制工厂,也几乎无法实现真正的建筑工业化。

工业化建筑的生产方式分为以下几个阶段:建筑设计总体规划方案与技术策划,建筑体系优选,结构体系力学分析,模块化部件设计,配套建筑设备,构件部品生产,物流运输规划,现场装配施工,后期运营维护。前面已经提到,总体规划方案与技术策划属于工业化建筑的顶层设计,对后期的质量、成本、效率都有着至关重要的影响。

在对工业化建筑进行总体规划和技术策划时,需要考虑绿色性能、健康性能、使用需求、用户体验等诸多因素,以及实现上述目标所需采用的工业化手段,例如用户对建筑的隔音、隔热和防火等方面的要求日益严格,工业化建筑需要特别注意连接和接缝处的建筑物理特性,不能产生声桥或冷、热桥,要满足耐火等级要求等;也必须提前规划建筑装配的支撑方案,并使之与项目的构件类型匹配;在对构件类型进行清晰的比较之后,决定使用全预制、半预制或是混合形式的部件类型;还需要明确所有建筑部件的生产方式,特别是混凝土浇筑在工厂还是在工地现场进行;需要提前考虑预制工厂生产设备、加工构件的能力和生产效率,使项目现场物流运输及施工的需求与之匹配;同时,工业化建筑物施工允许的公差在设计过程中也很重要,构件公差在工厂生产时比较容易控制,但大多数情况下,装配式建筑都有部分现浇混凝土,在现场实现修正公差错误非常困难;通常部件越大,连接点和起吊次数成倍减少,装配成本就越为经济,但运输和现场最大起重能力都会制约部件尺寸。上述这些技术条件必须在总体规划阶段予以综合考虑,如等到装配式建筑项目实施期间再进行修改调整,不仅很难实现,还会带来非常高昂的时间和财务成本。所有这些步骤都是相互关联和相互依存的,这意味着每个环节都会影响其他的阶段,比如建筑体系会影响生产部件的模具和构件的安装,所以在规划和实施时,需要充分考虑到彼此间的关系。

　　因此,为了充分保证工业化建筑的优势,设计的主导作用至关重要。项目的整体设计规划必不可少,就像汽车工业的产品研发,概念车的研发是引领整个环节的龙头。这种综合设计规划需要整合结构设计、施工体系和各个部件生产制造过程,同时适应组装现场的要求和局限。因此使用预制构件的工业化建造是一个复杂的规划设计集合过程,在开始阶段就要具备相应的符合工业化建筑特征的思维理念。设计中应包括以下原则和因素:

- 标准化与多样化:结构设计时需要考虑减少预制部件的种类,在实现自动批量化生产的同时,尽可能兼顾建筑风格设计多样性的需要。
- 理论尺寸与制作尺寸:工业化建筑不同于传统的现浇建筑,现场一旦出现误差,无法通过任意增加额外的钢筋或其他方式弥补,设计中的尺寸标注需要充分考虑制作精度与施工精度的累计。
- 地域因素与技术水平:结构体系的选择应考虑建筑所在地域的技术和经济方面的因素,既要考虑建筑物的功能,还要顾及施工现场的气候条件、本地已有资源以及环境污染影响等因素。如寒冷地区,冬季时间长,外部温度低,建筑体系设计时,就需要考虑避免大量使用现浇方式作为施工现场的连接方式。
- 施工方案与施工组织:对建筑体系和整体结构进行分析后,确定预制构件所需的尺寸和数量及现场装配方案,同时需要获得生产计划安排等信息。
- 对制造的充分了解:通过规划阶段的分析,获得预制工厂、配套物流及现场施工机械和技术装备等可靠信息,为规划或使用高效和经济的预制工厂提供基本依据。
- 对建造流程的充分了解:通过收集分析大量施工现场流程信息,对工作流程进行优化并对建筑材料的使用进行优化,使各实施阶段更合理衔接。
- 设计-制造的数据化设计技术:设计院设计需要数据化,通过精确定义的信息接口向生产设备进行数据的传送,生产设备也需要有相应的通信接口。
- 设计-施工的数据化设计技术:施工过程中的静态思维模式将被设计之初的综合化动态思维的建筑信息模型(BIM)所替代,只有数据化的设计,才能够高效准确地传输,才能减少生产制造和安装过程中的错误。

　　工业化建筑是以建筑设计为龙头的整体工业化产品,而建筑设计也不仅仅是简单的功能设计,必须转型为整体产品设计。产品不仅要满足本地客户的个性化需求,也需要满足当地制造、运输、安装能力的要求。设计过程必须实现数据化,满足人机互动的要求。

四、工业化生产：高效率、高质量自动化生产的基础

与欧洲建筑工业化的发展过程对比，我国现阶段正处于其技术快速发展的 20 世纪 90 年代后期至 21 世纪之初的阶段，这是欧洲由工业化向信息化过渡的阶段；同时由于效率的提高、质量的上升及成本的快速下降，欧洲的装配式建筑在新建建筑中的占比也进入快速上升的阶段，大量新建装配式建筑又反过来为建筑工业化技术的快速发展提供了必要的市场基础。从我国目前的发展情况看，2014—2019 年，全国新开工装配式建筑面积年均复合增长 55% 以上，截至 2019 年，我国拥有预制混凝土构配件生产线 2483 条，设计产能达到 1.62 亿 m^3；同时在生产方式上，大量采用循环流水线的工业化生产方式，已经解决了装配式预制构件的机械化生产，正朝信息化、自动化发展方向进行探索。由统计数据可以看出，装配式构件的既有产能巨大，从全国总体来看，产能并不均衡，局部甚至出现产能过剩的苗头，且产能过剩不是因为生产效率得到大幅度提高，而是短期内大量同质化的预制构件工厂投产造成的，导致构件市场局部竞争加剧。这些因素将会推动装配式建筑行业生产由满足数量需求向满足更高质量需求的阶段发展，预制构件的生产也由人均产出效率低向信息化、自动化的高质量高人均效率的生产方向发展。

欧洲从 20 世纪 80 年代开始逐步以叠合剪力墙技术体系为主流，发展到现阶段的低成本、高效率的 Hybrid 体系，经历了 40 年的发展过程。其中相当长的时间是在将工业化制造体系的流程转换为信息化、自动化的过程。我们有理由相信，中国也需要在现有条件下，在一个比较长的过程中，逐步梳理预制构件的生产和施工方法中高效率、高质量的流程和手段，提高装配式建筑的整体经济性，增强装配式技术的市场竞争力，成为中国装配式技术智能制造发展的重要基础。

位于德国慕尼黑的 INNBAU 预制构件生产厂接待过很多中国同行，大家都能感受到 INNBAU 高效、有序的生产过程（图 2-114）。智能生产的个性化复杂构件，都是在智能设备及偌大生产车间中少量的工人配合生产的，主控计算机只有在发生事故时才干预解决问题。这家工厂的生产分成三个阶段：起步阶段——1973 年投产第一条半自动叠合楼板的生产车间，仅仅提供建筑构件；提升阶段：1998 年升级，进一步投产半自动化双面叠合墙板。主要构件产品包括：双面叠合墙构件、叠合楼板构件、实心墙构件、桥梁市政构件及其他异型构件。腾飞阶段——2017 年，INNBAU 又投资改造高度智能制造的自动化生产线，代表着欧洲最先进的生产水平。INNBAU 的发展和智能化制造生产，或许就是我们目前所能直观感受和学习的，实现混凝土预制构件智能

制造的典范,同时该工厂已经可以深度参与建筑设计、施工的全部过程。

图 2-114　德国慕尼黑的 INNBAU 预制构件生产企业

(图片来源于作者)

INNBAU 工厂信息:

- 由 45 个尺寸为 10.5m×3.6m 的台模组成的循环生产线。
- 预制叠合楼板的年产量约为 450 000 平方米。
- 可以直接获取设计软件的数据采用的主控计算机系统进行生产控制。
- 能够生产最大厚度为 500mm 的叠合墙,以及最大厚度为 140mm 的实芯墙。
- 最大的生产能力可达到每小时处理 6 个台模。
- 模具机器手还可以绘制出台模上预埋部件的轮廓。
- 在浇筑之前,可以获取主计算机的数据,利用激光投影设备对台模(已安装预埋件)和整个钢筋系统进行再次检测。
- 模板放置位置的偏差仅为 +/−1 mm。
- 尽管工厂的自动化程度很高,但在脱模、安装预埋件、钢筋检测、布料压实等环节中,也留有必要的人工操作空间和配套的专用工具车。

目前 INNBAU 公司叠合楼板和墙板的生产效率是中国平均效率的 10～12 倍,在 1973 年工厂设立之初,已经不是搬到工厂的现浇,而是建筑工业化的雏形,采用半自动流水线,每 15 分钟能够生产一个模台,人均一天约能生产 4 立方叠合楼板,而目前 INNBAU 工厂生产一平方米叠合楼板需要的平均人工工时是 0.04 小时,人均每天 8 个小时生产构件 12m³,人工工资每小时 300 元左右,日生产叠合楼板 1000m² 的生产工厂,仅需要 6～8 人,每平方楼板售价一般约为 160 元,或者 2500 元/m³,在这样的售价情况下,不需要政府补贴便可以持续发展;而以北京为例,国内叠合楼板人均日生产 0.5m³,每小时人均生产 1m² 叠合楼板,叠合楼板工人每平方米工资约 45 元,日生产 1000m² 叠合楼板生产线需要 30 多人,构件销售 3000 元/m³ 的情况下很难盈利,同时,换一个地方现浇,在大量使用人工的过程中,废品率也大幅度上升。所以,建筑工业化PC部件的生产也应该和其他工业品的生产一样,从流程梳理开始,以自动化生产为基础,逐渐走向人机互动智能高精度生产的低成本、高品质、高灵活性、智能化。

通过对比,我们可以客观地看到我国与国际先进生产工艺和智能制造技术的应用存在着较大的差距,而且需要看到这个差距不是购买同样设备就能马上解决,而是要按照中国实际情况梳理生产过程的全部流程,改进流程中的问题,并结合中国现阶段的发展特点,提升不同工段的制造水平,逐步加大自动化程度,提高生产效率,降低生产成本,同时提高作业精度,从厘米级到毫米级控制误差,才能实现有自生能力的发展,同时也更符合当前我国高质量发展的要求,为更高要求的智能制造奠定坚实的设备和技术基础条件。

(一)目前构件生产、运输常见问题梳理和应对方法

1. 混凝土离析或泌水问题

混凝土离析或泌水问题是为了提高布料纺织速度和缩短振捣密实的时间,混凝土采用较大的水灰比,同时搅拌时间和振捣时间工艺参数的设定产生的问题。

应对方法:提高混凝土质量控制。

混凝土的质量会直接影响预制构件的质量,由于目前构件工厂的组织管理方式是按照生产的构件体积计价,导致为了加快浇筑和振捣的速度,普遍使用了大塌落度的混凝土配合比,因此出现了混凝土离析、边模处漏浆严重、构件叠合面粗糙度不够等问题(图 2-115、图 2-116)。

图 2-115 混凝土离析或泌水现象

(图片来源于作者)

错误　　　　　　　　　　　　　正确

图 2-116　表面粗糙度对比

（图片来源于作者）

　　解决混凝土质量的问题，可以通过自动化检测手段进行智能化控制，避免人为干涉。通过塌落度检测来控制搅拌机卸料门的打开，只有符合设定的塌落度要求，混凝土才能进行投放。

2. 模具质量与成本问题

　　包括由于模具变形或模具出钢筋的部位封堵不好，导致漏浆，使构件局部出现离析现象；模具质量较差，容易坏；周转率较低。

图 2-117　模具质量造成的问题

（图片来源于作者）

　　由于目前构件的配筋方式、位置、规格千差万别，导致模具的重复使用率较低，在考虑成本的因素时，模具的选材、加工精度等与成本相关的因素，会作为重要的经济指标，因此导致了大量构件精度差、漏浆导致局部产品质量低劣等问题，其根源实际上是质量与成本间的平衡关系。

　　应对方法：参考框架结构的装配式建筑的思路，将承受荷载部分的结构部分制作成通用的标准部件，既可以满足重复使用的需要，又可以保证较高的强度，而与产品相关的，如侧模开口的位置、钢筋外伸的位置等通用性较低的围护部分，都可以采

图 2-118　模具自重大,缺少专用设备,拆装费时费力,组模具效率低

（图片来源于作者）

用较低成本的木模板、竹模板等,通过装配式的思路解决模具质量与成本的矛盾。

图 2-119　边模密封条使用

（图片来源于作者）

在部品构件生产过程中,使用专用的边模密封材料,在固定边模系统四周,起到保护作用,减少混凝土漏浆、毛边等现象出现。

3. 钢筋加工效率和质量的问题

由于网片钢筋需要从桁架钢筋中穿过,因此很多 PC 工厂的网片钢筋机处于闲置状态;此外,钢筋机功率过大,焊点过深,造成钢筋损伤,对质量造成影响;桁架钢筋生产误差大,遇到规格调整时,烦琐,耗时长;钢筋入模还处于完全人工操作的阶段。

应对方法:INNBAU 的工厂内,也有网片的横向钢筋穿过桁架钢筋的要求,但INNBAU 并没有因为这个复杂的要求而放弃自动化设备的使用,而是采用自动化设备和人工合作,只需增加工人和一些辅助的小型标准化材料和设备,就可高效完成这样的复杂任务。钢筋加工的自动化与人工参与的结合,或许提供了一个解决方案。

图 2-120　靠手工操作的钢筋加工效率低下

（图片来源于作者）

钢筋入模都是通过自动化的吊具送入，注意桁架钢筋下方的网片钢筋并非焊接而成，因此人工可以方便地将网片的横向钢筋穿过桁架钢筋。应研发和推广使用钢筋安装所需的专用配件，提高人员工作效率，保证钢筋的安装质量。

图 2-121　通过钢筋定位及保护层垫块有效提高钢筋生产效率及精度

（图片来源于 NEVOGA）

解决现有钢筋加工质量的问题，除不断提高钢筋加工设备的精度、信息化的研发外，也要做好原材料的质量控制，或是通过增加冷拉等设备对钢筋进行预处理，保证钢筋本身的规格均匀规则。

4. 构件养护的问题

构件养护是决定构件相关产品质量的最重要一环，但在生产过程中却往往得不到重视。目前普遍采用蒸汽直通的蒸养方式，不仅能耗高，而且很难严格按照指定的养护曲线进行升温、降温的控制，由于缺少专业化的设计，养护窑不同位置的温差过大，导致构件在养护环节出现诸多问题,造成大量的白色废料。存在养护成本高,立体养护窑空间大,无热能循环使用方案,固定台模采用养护棚或帆布覆盖的方式,密闭效果差,无有效控温、定时措施,蒸汽浪费严重且构件强度发展可控性偏低等问题。

图 2-122　养护温度过高,构件脱皮　窑内温差过大,构件产生裂缝
（图片来源于作者）

图 2-123　固定台模普遍使用养护棚或帆布覆盖的方式
（图片来源于作者）

应对方法:科学、高效的能耗管理及养护制度。

通过对能耗管理和养护制度的合理规划。蒸汽养护方式导致混凝土在养护过程中产生大量的冷凝水且难以精确控制温度和湿度,破坏了混凝土的质量。美国混凝土协会已不推荐使用。同时在芬兰,瑞典,挪威,俄罗斯等地也已不再使用。

案例:Polamatic 的高效能耗管理以及根据不同工艺布局量体裁衣,制定不同的养护方案

Polamatic 通过一套高效的加热系统解决方案,自动实现智能预制恒温、恒湿生产养护,冬季提前对骨料预加热、生产热混凝土,余热用于办公区域采暖等功能。

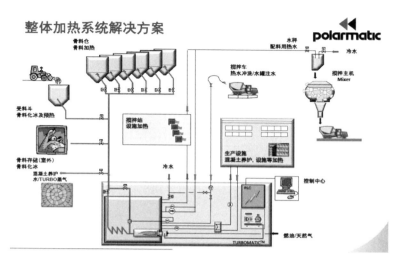

图 2-124　整体加热系统解决方案

（图片来源于作者）

5. 脱模环节的问题

这是指由于脱模剂的选用或涂抹的均匀厚薄等原因导致的构件表面质量问题，或由于养护工艺制定的不合理，造成脱模强度较低引起的损坏。

图 2-125　脱模剂喷涂不均导致表面质量问题

（图片来源于作者）

应对方法：减少人为操作的影响，使用自动喷涂设备进行脱模剂的喷涂。

6. 混凝土输送系统运行速度问题

由于需要人工控制定位,混凝土输送系统成为大型预制工厂中影响生产效率的一个瓶颈。布料机缺少破拱装置,有时生产中布料机底部出料后,上部混凝土不能向下填充,需要人工处理后才能继续工作,影响生产效率。

图 2-126　混凝土输送系统
（图片来源于作者）

图 2-127　布料机无破拱装置
（图片来源于作者）

应对方法:预制工厂根据制品特点,会使用如机组流水线、固定台模、长线台模等多种预制生产工艺,针对不同的生产工艺需要,采用合适的混凝土输送系统来满足预制生产的要求。同时,需要提高布料机自动化和智能水平,通过信息化技术,布料机可以获取构件的信息,包括几何形状、构件混凝土的用量和质量,以及通过红外扫描技术确定模具的边界等,实现自动、定量的混凝土浇筑。

图 2-128　Liebherr——构件厂搅拌站系统方案
（图片来源于作者）

构件厂搅拌站系统方案供应商 Liebherr 提供的三大混凝土输送系统：混凝土泵送系统、移动式输送料斗系统和自带泵送臂的混凝土搅拌输送系统，这三个系统分别针对不同混凝土配方的要求及不同类型的构件生产形式。

7. 脱模吊具问题

脱模环节缺少专用吊具，需要多人配合完成，人工多，效率低。缺少吊装的专业设计要求和配套工装，导致构件脱模和吊装过程中产生破损，叠合板不能全部实现托架转运，楼梯转运容易出现磕碰。

图 2-129　缺少专用吊具，构件破损，吊装效率低
（图片来源于作者）

应对方法：针对不同的构件特点，开发专用预埋件和专业吊具，短期内解决脱模、吊装的安全工作和效率问题，并且逐步从工具工装向自动化设备发展，使吊装设备具有吊点识别、吊具适应性调节等初级智能化功能。

图 2-130　专业吊具的使用
（图片来源于作者）

8. 构件堆放问题

构件如果在堆场积压时间过长，会导致木方变形、构件开裂等问题。受养护条

件或人员限制,转运堆存的构件不能及时养护,导致产品出现质量风险;构件二维码出现脱落现象,导致信息检索出现问题,降低发货效率。

图 2-131　二维码受天气和存放时间影响　　图 2-132　垫木开裂导致构件出现质量风险
（图片来源于作者）　　　　　　　　　　　（图片来源于作者）

　　应对方法:二维码标签由于采用纸质打印,在风吹日晒的自然条件下,不便长时间保存。为减少信息丢失的可能性,首先需要提高生产、安装的计划性,缩短储存周期;其次,应使用更稳妥的信息储存方式,如 RFID 芯片方式,从标准和建筑全生命期的角度方面出发,逐步淘汰二维码等不易长期保存信息的方式。

图 2-133　使用可循环利用材料的垫块,减少木方的使用
（图片来源于作者）

　　9.构件运输问题
　　运输过程中为了降低运输成本,装载数量需尽可能最大化,造成运输过程中安全风险提高。受项目距离远近因素影响,目前还没有全部采用专用运输架,为避免运输过程中造成构件裂缝,对装车垫木规格和位置提出了更高要求。

图 2-134　运输过程

（图片来源于作者）

应对方法：设计并普及使用专用运输车辆；构件存储和运输时，应提倡和普及可循环利用的专用构件货架。

图 2-135　专用预制构件运输货架

（图片来源于作者）

在生产环节中还需要就本土研究的设备实现进一步自动化，主要包括：

- 构件智能化抓取、安放、精准微调就位。
- 结构构件连接过程中的智能化灌浆、检测、备案。
- 自动生产线的钢筋捆扎机具研发，此机具也可用于建筑工地自动捆扎。
- 现场结构施工的自动化设备：如构件吊装安装自动化设备，实现自动化挂钩和脱钩。
- 对目前复杂构件生产所需的摆模机械手及其配套模具的研究。

图 2-136　专用运输车辆

（图片来源于作者）

- 构件自动化检测和冲洗设备。
- 构件工厂存储自动抓取运输设备，移动机器设备（PC 用 AGV）。
- 研发基于中国装配式建筑体系的信息化技术，实现自动化制造。

（二）研发适合中国装配式建筑体系的信息化技术，是实现自动制造生产的必备条件

这是一个复杂的系统工程，需要比较长的时间来进行探索和实践。

支持自动化生产的信息化系统应该具备以下几个方面特征：

实现基于 BIM 设计信息的工厂生产信息化管理，无须人工二次录入，实现 BIM 信息直接导入工厂生产信息管理系统，实现工厂生产数据管理、排产计划、过程管理、构件库存、构件查询、运输、模具加工、原材料管理、物料采购、半成品等信息化管理。

BIM 数据与生产设备的数据自动转换，形成生产设备可识别的数据格式，实现 BIM、CAM、生产管理系统之间的实时信息交互，从而使钢筋设备、混凝土浇筑设备等可以自主从 BIM 平台直接获取加工特征数据，自动生成生产设备控制指令系统。

通过自动划线系统、激光扫描系统完成预埋件的定位、最终产品的检验以及相关信息的存储。

我们无法花一笔钱就实现建筑工业化，也不能因噎废食、闭门造车。我们要做的是揭开问题，看其本质，判断学什么，拿来什么，谁先谁后。在实现自动化、高质量生产的基础上，整合数据，建立算法及数据智能，中国的建筑工业化才可以继续前行，逐步实现智能制造。

五、人才是可持续发展的决定性因素

（一）人才缺乏

建筑工业化是建筑行业设计、生产、施工以及建筑结构、机电装修等多专业的集成发展，对设计、生产、施工多环节的从业人员综合素质要求高，需要对建筑行业全产业链的多个环节有所认知，目前符合上述要求的专业人员十分稀少，具体体现在：

1. 项目管理人才缺乏

国务院在《国务院办公厅关于大力发展建筑工业化的指导意见》中指出，发展建筑工业化的重要任务是"推广工程总承包"。建筑工业化项目从设计、施工到 项目交付运营，与过去的建筑业相比，都发生了很大的变化。而传统的工程项目管理人员缺乏工业化的管理思维，对整个建筑工业化的设计、生产和施工流程缺乏系统的认识。

所以对于开发企业来说，调整自身组织架构，建立新的管理方式，包括招投标制度和工程分包模式；健全建筑工业化工程质量、安全、进度和成本管理体系；增加与设计单位、构配件生产企业和施工企业的交流与合作，实现强强联合，形成一个产业技术联盟，从而提高未来的业务承接能力和市场竞争力至关重要。

2. 技术人才缺乏

工业化的设计流程和装配式的施工过程给设计和施工工作提出了新的技术挑战。BIM 技术在建筑工业化中发挥了重要的作用，利用这一技术可以实现对设计、生产、施工和运营的全过程管理，并为行业信息化提供了数据支撑。目前，掌握 BIM 技术并了解建筑工业化项目设计和施工工艺技术的人才严重不足。

除了 BIM 技术之外，其他新兴技术，如 3D 打印、VR 技术、物联网、建筑机器人等，对我国建筑工业化的发展也起到越来越重要的作用，这也需要技术人员进一步认识这些技术及其在工程中的价值。

3. 传统工种人才变化

建筑行业传统工种通常包括木工、泥瓦工、水电工、焊工、钢筋工、架子工、抹灰工、腻子工、幕墙工、管道工、混凝土工等。建筑工业化后，墙体、楼梯、阳台等部品构件在工厂中就已制作好，工人的现场操作仅是定位、就位、安装及少量的必要现场填充结构等步骤，所以木工、泥工、混凝土工等岗位需求将大大减少。同时，采用装配式工法施工后，多采用吊车等大型机械代替原来的外墙脚手架，所以架子工也将无用武之地。

4. 参建人员配合不协调

由于建筑工业化项目参建各方人员管理经验和技术水平参差不齐,经常会影响整个项目的统筹协调和技术水平。例如,某建筑工业化项目,甲方第一次做此类项目,设计院也无类似项目设计经验,而监理单位和施工单位则是有经验的单位。由于管理经验和技术水平上的差距,项目实施中参与方各行其是,设计和施工单位不服从甲方和监理单位的管理,协调不畅,信息不透明,形不成合力,最终导致了项目目标流产。

综上所述,我国建筑工业化行业的管理人员、技术人员和操作工人比较缺乏,并且参建人员之间配合不够默契,因此我国建筑工业化领域的从业人员数量、专业技术水平,以及参建人员之间的默契程度等方面都有待提高。

(二)人才需求

我国建筑工业化领域管理和技术人才的缺乏,将会对建筑工业化项目整个建设过程造成影响。

1. 不同阶段的人才需求

(1)设计阶段。人才主要指的是设计管理者和具体设计人员。设计管理者的业务素质高,则能很好地与开发企业、生产企业和施工企业等沟通协调,做好设计工作任务安排和进度把控,并能很好地利用 BIM 等先进技术平台开展工作;设计人员业务素质高,便可以做好不同专业工程设计人员的协调工作,减少设计错误,尽量避免设计变更,保证设计质量,顺利实现工程设计目标。

(2)生产阶段。人才主要指预制部品和构配件的生产管理者和具体生产人员。工厂生产的预制构件钢筋绑扎、构件砼浇筑与养护,直接关系到构件生产质量的优劣,从而影响到项目质量的优劣。

(3)施工阶段。人才主要指的是施工项目经理和具体施工作业人员,施工人员技术成熟,则不仅可以在构件吊装时避免对构件产生损坏,还可以使构件连接更加紧密、牢固。建设方和监理方人员则可以从目标控制的各个方面加强参建各方的协作,确保信息畅通,减少影响项目建设的不利因素。

2. 高技能人才能力要求

我国目前对高技能人才的观念有所改观,但轻视技能劳动的传统观念仍然存在,且不可能在短时间内有明显的改变,这就造成了近年来高技能人才的严重短缺,普遍存在培养模式不够成熟,评价、保障、激励等相关机制不够健全的情况。作为高

技能人才培养主阵地的技工院校,要想使其培养的高技能人才更好地适用于新型建筑工业化的发展,必须达到以下几点:

(1)具有较强的动手能力。较强的动手能力是高技能人才区别于普通技术工人的首要才能,这种动手能力不是简单、机械地完成某项技术工作,而是通过技能培训获得现代化理论知识,并将这些知识应用在实际操作过程中,成为"手脑并用"的技能劳动者。

(2)具备突出的创造能力。高技能人才不仅要完成本职工作,还要利用自己的工作经验和专业知识,在保证质量和效益的前提下,对工艺进行革新,对技术进行改良,对流程进行改造,这是高技能人才具备突出创造能力的具体体现。

(3)能适应岗位调整。高技能人才不能只局限于某一工种的工作岗位,对于相近工种也应有所了解,既能够理解自己工作岗位的重要性,在工作岗位发生变动后也能立即上手,适应相近岗位之间的相互流动。

(三)人才培养

构建适合我国建筑工业化发展的人才协同培养机制:

1.培养技术管理复合型领军人才

建筑工业化的领军人才既要懂技术,还要懂管理,这正是目前我国建筑工业化急需的人才。领军人才在专业技术方面,知识涵盖面要广,不仅熟悉建筑各专业设计,还要熟悉预制构件生产、施工、验收、装修等,同时具备科研创新能力;在管理方面要有前瞻性,具有项目质量管理、成本和风险管控等能力。

复合型领军人才的培养,可以从设计院、科研院所、施工企业等选出高级技术管理人才,通过专门的集中培训,学习建筑工业化相关的设计、施工、管理等知识,积极参加国内外相关学术交流会议,其中需要集中一段时间到国外学习先进的技术和管理经验,并消化吸收,结合中国现状,形成适合我国的技术和管理模式。

领军人才的培养是产业化的顶层人才培养,有利于建立良好的建筑工业化人才梯队。由领军人才直接从事建筑工业化项目的实施和管理,并形成传帮带的人才培养模式,可使建筑工业化行业人才的培养进入良性循环的快车道。

2.培养建筑工业化相关管理和技术人才

建筑工业化技术是各专业集成的技术,同时也是设计、构件生产、施工集成的技术和管理过程。应积极引导设计院、工厂、施工企业的技术人才和管理人才向建筑工业化转型,提高建筑工业化人才的待遇。因此,行业主管部门应继续加大建筑工业化的宣传力度,建立地方建筑工业化行业协会的定期学习培训制度,聘请建筑工业化行业领军人才、知名专家、大学教授定期进行相关技术和管理培训。

有必要建立执业资格证书制度,对于现管理人员和技术人员,应要求同时具备新型建筑工业化资格证书和现行建筑行业执业资格证书。随着建筑工业化市场持续扩大,待遇提高,培训方法更加得当,这部分人才就能够更好地转型到建筑工业化领域。

3. 培养建筑工业化技术工人

到目前为止,中国的建筑工业化还没有完全实现生产全自动化和施工全机械化,技术工人的角色仍然非常重要,关系到工业化建筑的质量和安全。目前从事建筑工业化的技术工人很少,大多数工厂和施工企业的技术工人都是临时招聘的,流动性非常大。企业培训成本高,不愿意投入,技术工人觉得市场前景不明,也不愿意转入。

传统建筑业的行业工种转型到建筑工业化后,部分传统工种岗位需求大大减少,而吊车司机、装配工、焊接工及一些高技能岗位的需求量则可能很大。鉴于这种情况,可由政府出资,由行业协会组织,进行专门的建筑工业化技术工人免费培训,培训师资可聘请一线的技术人员或技术工人。同时,可联合职业技术学院和产业化龙头企业建立实习基地,共同培养相关技术工人。培训完成后通过考试,颁发相关资格证,同时应规定关键技术工种必须持证上岗。政府还应提高建筑工业化相关技术工人的工资标准,引导优秀技术工人向建筑工业化技术工人转型。另外,还应对从事建筑工业化的农民工进行基本技能和操作培训,逐步引导高素质农民工转型成为工业化技术工人。

2018年6月,重庆市城乡与建设委员会发布工程建设地方标准《装配式混凝土建筑技术工人职业技能标准》,这是全国首个公开发布的装配式建筑工人技能标准,于2018年9月1日实施。标准明确了装配式混凝土建筑技术工人的关键工种,主要包括构件装配工、灌浆工、内装部品组装工、钢筋加工配送工、预埋工、打胶工等6个工种,并对各工种的职业技能水平提出了具体要求。构件装配工、灌浆工、内装部品组装工、钢筋加工配送工等4个工种分为初、中、高、技师、高级技师5个技能等级;预埋工、打胶工等2个工种分为初、中、高级工3个技能等级。主要对理论知识和操作技能两个部分进行技能鉴定(考核),理论知识的技能鉴定(考核)主要内容是构件加工技术、施工组织管理和安全文明施工等;操作技能的鉴定(考核)主要内容是施工准备、施工操作、成品保护和技术创新等。该标准为装配式建筑技术人才培养和考核提供了依据,具有较强的指导性和可操作性。

随着对职业技术工人培养的方式及从业资格等方面工作的逐步实施,全国各地都在大力推动由农民工向产业工人转型这一系统性工作。

4. 培养建筑工业化后备人才梯队

建筑工业化后备人才培养是人才可持续发展的保障。后备人才培养应主要从高等院校、继续教育学院、职业技术学院着手，在院校设立建筑工业化相关专业，培养建筑工业化后备人才。政府还应积极引导后备人才分流，使高等教育、继续教育与职业化教育协调发展，重点加大职业化教育的扶持力度，保证建筑工业化人才形成后备梯队。

由以上分析可见，构建建筑工业化人才协同培养机制需要相关政府部门、高校和企业共同联手，从政策、制度和措施等方面培养该领域的复合型领军人物、管理和技术人才、专业技术工人和后备人才。这样才能为建筑工业化提供大量的优质人才资源，为我国建筑工业化规模化良性发展奠定人才基础。

5. 学习案例：欧洲"双轨制"职业教育对建筑工业化专业人才培养的启示

欧洲职业教育在世界上享有很高的声誉，尤其是其中最核心的"企业和职校合作"的"双轨制"，更是受到各国教育界的普遍推崇。除了德国，"双轨制"只在奥地利、瑞士等欧洲少数国家有普遍的应用。

图 2-137 欧洲双轨制人才培养路径

德国人才培养主要通过两条途径实现。一条是小学→文理中学（Gymnasium）→大学（Universität），这是一条直接升学的道路，主要培养从事科学和基础理论研究的研究人员；另一条途径是小学→普通中学（Hauptschule，往往是学习成绩相对差一些的学生，包括了许多外来移民的孩子）或实科中学（Realschule，通常学生的学习成绩介于文理中学和普通中学之间）→职业学校，这是一条直接就业的道路。

双轨制职业学校的教育，特点之一是对学生教育背景没有特殊要求；而文理中学的一大局限是学制互转上的问题，实科或普通中学几乎没有机会转学进入文理中学，并进一步接受大学教育。

而双轨制对学生教育背景的开放程度则要高很多。最早的双轨制学生主要来自普通中学，而现在，无论接受哪类中等教育的学生，包括文理中学，都有机会选择双轨制职业学校。

德国有着成熟的职业教育培训体系，包括少量由政府公共部门承办的全日制职业学校，以及独具德国特色、由公共部门和私营部门共同合作建立并维系的双轨制

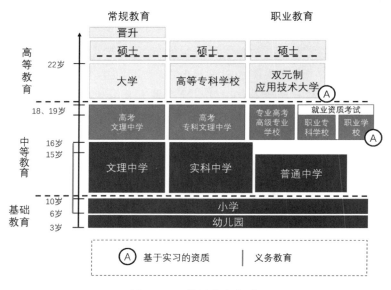

图 2-138　德国教育体系
（图片来源于互联网）

职业教育培训体系。

　　对于欧洲建筑工业化的成功而言，双轨制职业教育发挥的作用是巨大的。职业教育通过实地训练完成技能提升，使欧洲建筑工业化相关产业的产业工人在技能、效率方面远超其他国家，同时人工成本得到最有效地降低，将同等规模的预制件生产工厂进行对比，中国需要至少 100 名左右劳务工人，而欧洲工厂只需要 7 到 10 名左右产业工人。

　　在国家大力提倡从农民工向产业工人转型的趋势下，双轨制职业教育是值得借鉴的一种方式，比如福建龙岩上杭的绿色装配式建筑"两基地 三中心"项目，就是按照欧洲的双轨制职业教育，进行了制造实训基地与教育培训基地的建设，将理论培训与工厂生产和实训结合起来，进行装配式建筑专业人才的培养。

第三部分

建筑工业化
在中国的未来展望

第七章

共生型组织对中国建筑工业化发展的意义

在陈春花教授和赵海然先生合著的《共生：未来企业组织进化路径》一书中，陈教授提出，未来组织所面对的挑战是，"持续的不确定性，无法判断未来以及物联网所带来的更透彻的影响"。

陈教授为"共生型组织"给出如下定义："一种基于顾客价值创造和跨领域价值网的高效合作组织，所形成的网络成员能够实现互为主体、资源共通、价值共创、利润共享，进而创造某一个组织无法实现的高水平发展。"

这个共生组织的核心特征则是："开放边界、引领变化、彼此加持、互相生长、共创价值。"这样的组织有四重境界：

共生信仰——拥有确信的力量，推动共同进步，坚守"自我约束""中和利他""致力生长"；

顾客主义——顾客参与创造价值，忠诚顾客不复存在；

技术穿透——技术重构组织，数字驱动发展，共享共创共用，技术作为一种组织语言，能够高效集合无数成员成为"大系统"；

"无我"领导——牵引陪伴，协同管理，协助赋能，成就他人，在这里不是理念，而是行动，如何更广泛地创造集合价值是对领导者的核心要求。

共生型组织的目标是摒弃传统单线竞争的线性思维，放弃过去成功建立技术壁垒的惯性思维，打破价值活动分离的机械模式，真正围绕客户价值开展创造，以理解和创造顾客价值为组织核心。

通过陈教授的共生理论框架，可以更清晰地分析出欧洲共生型技术联盟 Syspro 对中国建筑业转向高品质发展的启示。

一、共生第一重境界：共生信仰

根据陈教授的提法，共生理论的第一重境界是"共生信仰"——拥有确信的力量,推动共同进步,"自我约束""中和利他""致力生长"。

欧洲 SySpro 建筑工业化高品质建造联盟成立于 1991 年,是欧洲建筑工业化近代供给侧转型时期的产物,当时欧洲装配式建筑正在从数量发展走向质量发展。联盟成立之初,全体成员企业制定了共同目标:每一个成员都承诺必须生产高于行业标准的建筑构件,生产工艺也致力于从手工工艺向自动化生产转型,同时不视对方为竞争对手,而是以扩大整体 PC 构件市场份额为目标。这些目标和价值观,充分表达了各个成员共生协同的共同意愿。联盟 1994 年进一步成立了政府单独注册的非营利组织,同时成立联盟董事会,按照公司模式高效运营,成为当时欧洲装配式建筑行业创新型组织模式之一。组织坚守自我约束、中和利他和致力生长的原则,最初由 20 家具有竞争关系的预制构件生产企业组成,以生产高质量构件为基础,经过近 30 年的发展,成为今天集设计、自动化生产、施工于一体的企业联盟;产量也从一开始每年只有 100 万 m^3 左右的预制构件产品,到现在每年 3000 万 m^2 建筑总承包项目及额外 200 万 m^3 的构件供应;如今,欧洲 SySpro 会员已遍布德国、法国、卢森堡、比利时、奥地利、意大利、荷兰等装配式建筑技术发达的国家。

欧洲建筑工业化转型开始于 20 世纪 70 年代,建筑设计由短缺经济时代的标准化大板楼到高质量个性化建筑,随着人工工资的迅速增长,预制生产在 80 年代末期开始由手工机械化向自动化生产方式转换。这个过程伴随着大量困难,欧洲 Syspro 高品质联盟就是在困难中组建的,通过共生理念,创新性地找到一些针对这些困难的解决办法,再经过 40 年高品质的发展,高品质理念已经渗透到了组织内部每一个流程和人员的实际操作中。通过提高构件的生产效率,降低废品率,增加个性化产品等措施,高品质联盟的发展降低了 PC 装配式建筑的整体成本,又积极共同开发及透明推广像造车一样造房子的一体化制造技术体系,培训行业内各个潜在合作伙伴,降低了体系的技术壁垒;同时共同组织进行市场推广,成功塑造了混凝土工业化建筑鲜明的个性化形象,即混凝土装配式建筑是"性感的"现代形象,从而提高了整体混凝土 PC 构件的市场份额,最终整体提高了建筑工业化装配式建筑的市场份额,即联盟得到了更多市场份额的同时,整个混凝土装配式建筑市场也得到了更加健康的发展。

高品质联盟的发展,对中国目前的供给侧改革及建筑工业化高质量发展有较大的启示,对坚定中国 PC 装配式建筑走高品质发展的道路有非常现实的意义。

自 2016 年国务院办公厅发〔2016〕71 号文《国务院办公厅关于大力发展装配式建筑的指导意见》以来,装配式建筑在中国获得井喷式的发展。根据中国混凝土与水泥制品协会发布的《2018 年度预制混凝土行业发展报告》,随着国家和地方的科研开发、标准编制、技术培训等活动的不断深入,各地陆续出台鼓励装配式建筑发展的产业政策,带动了一大批企业和专业人员进入了装配式建筑领域。

以建设 PC 工厂和落实示范工程为突破口,全国各地掀起了推进装配式建筑的发展热潮,我国建筑产业现代化取得前所未有的全新发展局面,以上海、北京、深圳等特大城市为引领,迅速拓展到中东部的大中城市。预制混凝土生产企业的数量增势迅猛,据不完全统计,2018 年度全国各地新建 PC 工厂生产线近两百条,截至 2018 年底,全国设计规模在 3 万 m³ 以上的预制工厂已接近 1000 家,其中新建的预制工厂已超过 600 家。除部分原有制品企业工艺改造外,大多数都是新建,每家工厂投资都在 1 亿元人民币以上。由于大企业负担重,小企业能力差,机制陈旧,人员知识结构不足,效率低下,加之产业链无法发挥整体优势,PC 企业市场竞争能力不强,经营状况和经济效益一般,急待探索产品更新换代或企业转型发展之路。尤其是新建 PC 企业面临建厂投资过大、市场竞争激烈、管理团队不稳定、产能利用率不足或者生产质量管理欠缺等诸多困境,除少数企业运行良好外,普遍存在订单少、效率低、成本高、服务差等问题。

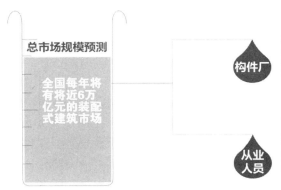

图 3-1　2018—2025 年中国装配式建筑市场规模预测

(图片来源于作者原创)

《2018 年度预制混凝土行业发展报告》中关于 PC 产品与质量管理也做了调查总结:"我国 PC 企业的生态尚处于野蛮生长期,缺乏投资的理性思考,产品同质化(住宅构件为主)现象非常突出,质量管理水平不高,经营效率低下,技术创新和新产品开发能力缺乏,将严重制约建筑行业的工业化持续健康发展。"

预制混凝土构件的质量总体水平较低,预制企业的从业人员缺乏训练和经验,技术人员短缺,管理制度也不健全,造成许多工厂以包代管,工厂数量增加,但产品的质量问题改善不大,严重制约装配式建筑的健康发展,不符合党的十九大报告提出的我国从高速发展到高质量发展的转型理念。

我国目前处在供给侧改革初期,顾客对个性化、高品质建筑的需求已经出现,因此研究欧洲高品质联盟的机制,引入高品质共生的共同信仰,梳理形成高品质联盟技术的初始条件,因势利导引入中国可以推广的模式,对通过创新整合,创造中国C-Syspro高品质企业联盟共生机制有着极强的现实意义。

2019年,C-Syspro中国建筑工业化高品质建造企业联盟,就是在这个背景下创立的。创始企业涉及装配式建筑项目的整体产业链各个环节,包括中建科技集团有限公司、北京市住宅产业化集团股份有限公司、北京住总万科建筑工业化科技股份有限公司、北京中建协认证中心有限公司、利勃海尔机械(徐州)有限公司、中欧云建科技发展有限公司、美好建筑装配科技有限公司。目标是对标欧洲Syspro高品质联盟,实现建筑工业化生产的协同创新发展。联盟基于高品质的共同信念,针对市场对装配式建筑质量提升的需求,成立技术团队,率先引进欧洲高品质认证标准,引入外部检测机构欧洲Syspro,推出对所有成员装配式建筑的高品质检查认证工作。

二、共生第二重境界:顾客主义

装配式建筑领域的顾客主义,是为客户创造价值,具有为客户"像造车一样造房子"的工业化思维,最终使客户能够参与设计个性化定制。

欧洲Syspro联盟在20世纪90年代创立之初的市场挑战之一是:人工成本高,企业生产效率低,个性化建筑逐渐成为主流,而降低人工成本需要增加自动化生产,工业化建筑的自动化生产设备需要建筑设计数据,建筑设计的BIM数据和生产设备直接通信是一项非常困难而耗时的工作,几乎没有行业通才能够跨界理解建筑、生产、设备和软件等多方面知识,同时没有软件公司愿意花费巨资去研发没有确定回报的项目。Syspro高品质联盟以20家企业共同市场的承诺,组织全联盟技术人员的力量,在欧洲率先推动设计BIM软件公司Nemenschek和生产MES软件的公司SAA一起打通了从CAD—BIM—ERP—CAM设计到制造的数据通道,Syspro成员内部可以使用统一系统配置的主控计算机调度设备的排班和运行,人工只在设备运行有问题时进行干预。这个划时代的行为极大地提高了建筑工业化的生产效率,推动工业化建筑在欧洲市场上快速发展。同时根据客户的不同需求,Syspro又进一步推出了不同的数据信息化平台:

（一）标准化部件订单平台

即统一的信息化订单处理平台。所有成员企业通过计算机应用程序支持订单处理流程，从报价文件和 CAD 技术规划方案开始，控制工厂的生产、存货、物流以及运输等生产环节，同时也提供交货单据、销售发票等经营管理数据信息；

（二）个性化定制平台

根据客户要求量身定制化生产，快速交货。

（三）技术众筹开发平台

任何可以想象的建筑几何形状，甚至最复杂的高科技构件，均可在最短时间内完成。针对客户特殊需求，争取更多内部成员参与，支持两个或以上合作企业共同开发，降低成本，并更充分地适应市场需求。

（四）物流互通平台

服务范围包括纯物流服务及综合提升联盟内企业间的产品联动性和流通效率。

接下来解决的问题是客户对质量的信任问题，即装配式建筑通过组装搭建出来的建筑是否具有高品质？之前的大板建筑名声不太好，此时欧洲市场构件生产的质量也鱼龙混杂，针对客户的需求，1996 年，Syspro 很快推出 HiQ 质量认证服务。联盟内每一个成员都承诺生产的建筑构件品质高于行业标准。这就需要一套具有适用性的高标准及高质量检测手段，HiQ 高品质认证内部检验标准便应运而生。申请HiQ 高品质认证的工厂首先需要通过 EN ISO 9001认证，再按照高于欧洲现行标准和法规要求的Syspro-HiQ 标准检测。这最早是为叠合楼板制定的一系列标准，之后扩展到墙体，逐渐推广到建筑全体系的认证；通过严格持续的外部和内部监测才能被正式授予 HiQ 认证标志公开使用的权利。同时引入汽车工业的精益制造理念，融合到混凝土预制构件的生产过程中，在 Syspro-HiQ 质量认证最初的几年中，外部审核邀请"德国汽车监督协会"负责实施。

但联盟成员很快就发现，市场上还有很多问题没有解决，其中突出的是：

图 3-2　SYSPRO 高品质标识
（图片来源于 SYSPRO 联盟）

- 生产工业化建筑的条件不足,标准主体还是现浇体系;
- 构件工厂只能生产构件,即部件,而不是总成建筑;
- 构件的精度不够、质量不好,市场的信心不足;
- 零部件的质量,不等于整个建筑的质量。

联盟必须继续前行,通过进一步开发、开放技术,真正像造车一样一体化建房,才能回答这些问题。

三、共生第三重境界:技术穿透

技术穿透的意义在于,通过技术重构组织,数字驱动发展,共享共创共用,技术作为一种组织语言,能够高效集合无数成员成为"大系统"。

由于信息化技术产生的去中心化效果,近代的顾客主义都是个性化顾客主义,建筑市场的趋势也是个性化建筑产品需求趋势。中国的建筑工业化产业界也提出"像造车一样造房子",并为此提出了 EPC、SEPC、REPC、REMEPC 等顶层概念,即设计、制造、采购、施工一体化的理念,这是一个需要高效集成的大系统,实施过程中困难很多,如目前我国地方政府的鼓励政策,大都需要先投巨资建 PC 工厂,而工厂在建成后无法迅速达产,需要进一步研究建筑部件生产和现有建筑体系匹配的问题,规模足够大的时候才有足够能力研究整体建筑体系,建筑和工业化打通的整体知识体系受制于已有投资的重资产工厂配置,不能够合理开发,同时现有标准体系源自现浇和工业化生产,不能完全契合,以致新型建筑工业化公司都需要自建庞大的新型研发部门,步履维艰,同时新型部门和传统设计院、房地产公司的利益目标并不完全一致,从而产生利益冲突。

近期比较成功的特斯拉汽车于 2006 年 7 月在圣塔莫尼卡飞机场的机库展示首台 Tesla Roadster,这台样车经过两年研发,花费 250 万美金,整合大量新技术。之后,特斯拉 Roadster 于 2008 年 2 月在 Space X 车间进行手工小批量量产制造,6 年后,投资 50 亿美金的超级工厂建成,同年,特斯拉对外公布几乎所有技术专利,开放给全世界电动车同行学习,这么做是为什么呢? 看看下面欧洲 Syspro 的做法,也许有工业化的异曲同工之处。

欧洲 Syspro 高品质联盟在成立之初,也提出像造车一样造房子,集合联盟内企业的技术力量,除对标造车高品质精益制造方面的内容,1993 年开始还先后推出了《建筑工业化结构计算手册》《建筑工业化建筑师装饰及保温手册》《热桥手册》《叠合楼板使用手册》《叠合墙板使用手册》《建筑工业化绿建手册》《建筑工业化近零能耗指导手册》等,以成本价格在行业内发售,行业竞争对手也可低价购买和使用联盟的专利。同时,联盟组织大量人力培训各地设计院和房地产公司人员,目的是降低通过建筑工业化 EPC 的技术难度,降低行业门槛,和特斯拉公布专利的目标其实一样——建立使用重资产工厂产品的生态链,提高整体 PC 构件的份额,让成员及行业内重资产的工业化工厂能够满负荷生产,早日达到比传统建筑更低的成本和市场价格。如此,整个行业才能够健康成长。

图 3-3 SYSPRO 技术指导手册

(图片来源于 SYSPRO 联盟)

欧洲 Syspro 从 1993 年就开始围绕 EPC 开放许多技术,让行业内更多的单位能够参与进来。

在体系和模式的共同推进过程中,联盟继续回应市场和顾客的关切,如对装配式建筑防水的担忧等,联合德国保险公司,于 20 世纪 90 年代末率先推出所有成员装配式建筑防水 10 年质保。在绿色建筑节能环保的大市场环境需求的影响下,联盟集体在 2007 年推出内保温的叠合保温墙及其自动生产的专利技术,质量和成本完美结合,获得当年 Bau 建筑展会发明金奖第一名。在自然资源日益枯竭的危机中,联盟也推动强制标准的不断进步,包括减少自然骨料和钢筋的使用,开发建筑垃圾替代自然骨料,以及碳纤维取代钢筋等技术。同时根据市场要求的不断变化,外部检查的重点也在每年调整。这就使得 Syspro 联盟的品质理念紧跟时代发展的潮流,贴近市场。

参照欧洲 Syspro 的成绩,中国如果想要实现第三重境界,需要企业打开心扉,践行"利"行业整体份额提高的"他",就是企业核心利益,共同研发技术并降低行业技术门槛,使得行业市场份额整体提升,提高行业的整体健康利润水平,这样才能更好地进入共生组织的第四重境界。

四、共生第四重境界:无"我"领导

牵引陪伴,协同管理,协助赋能,成就他人,在这里不是理念,而是行动,更广泛地集合价值创造是对领导者的核心要求。

目前全国的预制工厂发展布局,除中西部大城市外,主要集中在东部经济发达地区,不均衡现象比较突出。由于缺乏总体规划和科学论证,PC 工厂投资建设呈无序扩张状态,许多工厂任务严重不足,而个别地区像北京、上海由于政策力度大,鼓励配套政策全面,预制工厂任务充足,短期内供不应求,而这也是构件生产工期不均衡,工程建设的计划性差,严重影响预制工厂的运行效率所导致的。

而欧洲 SySpro 联盟发展后期,针对市场需求不平衡的情况,提出了传统生产工厂必须将最大化产能作为投资原则,这样才统计算出最优成本,但这样的投资原则很容易造成行业整体产能过剩,导致价格战,可能直接导致企业亏损,因此,联盟为各家成员企业统一接入订单信息化对接系统,对接甲方如房地产公司等业主,系统分为标准构件和非标准特制构件订单,在某会员竞争获得 EPC 总包机会后,可以将产能在会员内部进行调配,达到成本最优。同时,组建物流信息化平台,组织联盟内部成员共同的物流优化管理体系,组织会员进行生产经验交流,个别地区还组建构件共同仓储中心;这些市场优化机制是降低投资风险、提高建筑工业化成功率的必要条件。

联盟内不断总结如何像造车一样造房子,即参照车型多样化的原则选择开发建筑体系,参照造车过程提高规模效应,所以,提高混凝土预制构件质量只是重要的一环。联盟内部必须不断协同去解决系统性技术问题,即建筑工业化成功的最关键因素是技术体系的顶层设计——选择适宜的装配式建筑体系。同时,造车是多种车型都可以在一个平台上生产,所以装配式建筑也不应试图找到一个适用于所有建筑类型的通用技术体系,而是需要针对不同类型的建筑物,开发一套既系统又有针对性的解决方案。

要实现建筑工业化体系化、市场化,除了以优质的产品作为基础外,还需有内部人才的保障;因此,欧洲 Syspro 联盟内部员工能力建设及提升必须与其他各方面的提升同步;联盟的成员企业会定期组织并派遣各合作领域的服务供应商和联盟内专

图 3-4　最新墙体和楼板应用手册(背后总是一个聪明的头脑)

(图片来源于 SYSPRO 联盟)

家,共同研究并开展联盟内部员工能力提升工作。

这种以联盟为主体,以联盟各成员企业整体为平台,整合合作领域的服务供应商和专家,共同为联盟内部员工赋能的方式,具有一些优势:

- 可以使联盟内部员工的能力提升范围更加完整;
- 更有针对性地满足联盟发展需求;
- 能够将各服务供应商和专家的理念、优势、创新直接通过人才培养过程,以产品和服务的形式积累到联盟中,形成联盟不断更新的产品和服务;
- 可直接进行市场化工作,而这也是服务供应商和专家所乐于见到的,是一种共赢且直接面向市场的产品和服务更新方式,也是一种人才培养方式和业务发展方式。

SySpro 联盟的内部协同及员工能力培养机制,是市场化的重要基础和方法,也是"牵引陪伴,协同管理,协助赋能,成就他人"的实际行动。其本质是使联盟成员企业及各服务供应商的市场目标达成一致,通过对成员企业及各服务供应商的服务及产品进行市场能力的研究,可以将这种市场能力转化为成员企业团队能力提升的目标,直接协同联盟内成员企业市场开拓和服务供应商产品更新和服务改进的一致性,达到市场目标一致、能力方向一致、业务推广目标一致,在不反对内部良性竞争的同时,形成行业一致对外的核心力量。

反观我国,专业人才培训大都由政府职能部门、行业协会或企业自行负责,往往市场化效果不足或成本太高。每家企业都希望建立自己的企业壁垒,对行业整体的

图 3-5　SYSPRO 人才理念："每个人都是某专家"
（图片来源于 SYSPRO 联盟）

提升产生了很大的障碍。只有行业领先的企业联合起来，组建平台，主动对接众多的服务供应商和专家或机构，且以市场最大化为目标，这种协同和人才培养方式才能够真正做到共赢。

通过借鉴欧洲 SySpro 联盟的成功启示，以及共生型组织四重境界的理论架构，可知目前 C-Syspro 的组织架构和工作目标，在实现高品质构件设计、制造、安装、施工及检测的共同信仰目标的第一重境界基础上，应当重新分析顾客主义、技术穿透、无我领导这其他三重境界，持续实现市场化的技术体系整体进步，达成整体高品质 PC 构件市场份额提升的目标。

在第二重境界，即顾客主义方面，中国顾客要求在提升质量的基础上，不断降低产品价格，同时实现更加个性化的建筑，这些矛盾的目标和欧洲 Syspro 高品质联盟早期面临的问题一样，需要通过自动化生产来实现，即建立一个通用的自动化柔性生产系统，但这个系统需要一个沟通管理 ERP、设计 BIM 和自动化生产设备的自动通讯系统，以及整体装备制造业的质量提升，即用市场化、体系化的思维去思考梳理实现第二重顾客主义的境界。

在第三重境界，即技术穿透方面，中国也需要研究进一步提高质量、降低成本的创新技术、产品和提高建筑资源及能源综合利用效率等方面的技术，以叠合剪力墙体系为例，需研发更适合高效生产的叠合墙及楼板体系，如研究更加丰富的标准化连接系统和零件，研究更加高效的工艺手段，增加更轻薄的高强度纤维混凝土叠合墙板、楼板，更多预埋件的整体墙板和楼板体系，采用叠合保温墙板等产品和生产方法,进一步研究更轻质结构,如碳纤维取代钢筋等技术,同时也需要深入研究,推动共创共享、共用的利益分配机制。

在第四重境界,即无"我"领导方面,中国需要通过针对建筑体系的完整梳理,建立自己的市场优化机制,从而使得建筑体系全过程实现工业化,并且在过程中要尽量避免装配式建筑体系和现浇施工体系并行,即仅通过制定预制率来引入装配式建筑的双轨体系;目前两套不同体系同时用于建筑施工中,就意味着双倍的成本和组织管理投入,对于质量管控和建设速度的提升没有任何优势可言。

真正以顾客主义为导向的建筑工业化体系应该包括:装配式建筑数据化的综合规划设计(数据应集成城市规划要求)、建筑结构设计、生产过程控制和物流、装配条件等要素,只有这样,才能实现对后续可能产生的重大错误进行规避。

平台需要通过"牵引陪伴,协同管理,协助赋能,成就他人"的原则,构建整个装配式建筑生态大系统,在此系统中,任何组织都为提升整体构件市场份额最大化而努力,平台上的竞争对手也成为最终利益一致的相关竞合方,最终建立一个健康的高质量装配式建筑发展生态。

第八章

建筑工业化促进智能制造

一、工业化智能制造的生命概念

工业化等于标准化与规模化集成,而规模化等于大规模复制,其产生效益同时还要保证低成本和高质量。

以 18 世纪中叶瓦特改良蒸汽机为起点(1765—1790 年,瓦特对蒸汽机进行了一系列改进和发明,1790 年,他发明了汽缸示功器,至此完成了蒸汽机改进的全过程),人类开启了机械工业化的进程。

1873 年,大型船只舵面转向因流体动力学的改变变得更加复杂,一名法国企业家兼工程师让·约瑟夫·莱昂·法尔,发明了被其称为"动力辅助器"的装置,解决了操作机构与舵面之间传动机构的增多及增大,导致动作响应非常缓慢的问题。今天,经后人改进,他的发明有了新的名字:伺服机构。人类开启了自动化的进程。

1936 年英国数学家图灵发明的理想计算机(即图灵机)为人类开启了信息自动化的进程。

1989 年 3 月,英国计算机科学家蒂姆·伯纳斯-李(Tim Berners-Lee)第一次提出万维网的概念。世界上第一个网站域名为"info.cern.ch",在 1991 年 8 月 6 日创建,自此开启了万物互联,标志着后工业化时代的开始。

工业制造是工业及后工业时代的基础,机械设计和制造更像"工业化"的骨骼或躯体,自动化技术就像"工业化"具备了手脚,能够运动,随着信息化技术的推进,传感器、射频技术、二维码、高速智能摄像技术等的发展,"工业化"具备了感官系统,从此,感官系统开始了低级别的进化过程,收集数据,整理数据,结构化放置数据,类似人的大脑登场,工业化时代开启,即万物互联,机器具有生命特征。

智能制造与后工业化时代等同的特征是:低成本、个性化、高质量工业产品的集成。

二、建筑工业化的智能制造

建筑工业化的智能制造也需要遵循工业化和后工业化的过程,由于建筑安全的特殊性,其智能制造的生命特征慢于其他工业化领域,但它的发展与工业化科技进步同样紧密相关。

人类的居住经历了前建筑时期、古典建筑时期和现代建筑时期。前建筑时期,人类生活在采集文明的帐篷或者山洞内;古典建筑时期,人类进入了农业文明,学会了使用工具,可以用石材、木材、泥砖和茅草建造房子,真正意义的建筑在这个时期出现;自此,人类开始定居,建筑从遮风避雨、躲避野兽之处,慢慢发展到现代建筑时期,按照地域条件、社会制度、生活习惯等建造,能够为人类提供生活、休息和活动的舒适空间。

现代建筑时期开始于 19 世纪初,标志性事件包括 1824 年,英国人 J. Aspdin 发明波特兰水泥;1867 年,法国人 Joseph Monier 发明了钢筋混凝土的专利技术;1884年,德国人 Wayss、Bauschingger 和 Koenen 等提出了钢筋应配置在构件中受拉力的部位和钢筋混凝土板的计算理论。建筑,尤其是新型钢筋混凝土结构的建筑具备了机械工业化的基础。

随后发展的混凝土构件也具备了工业化初期的特征,可标准化、规模化复制,预制构件在质量、速度、健康、安全等诸多方面也展现出巨大优势。装配式建筑,尤其是采用实心构件的装配大板系统(连接技术采用灌浆、焊接或螺栓方式),是前工业化时代的建筑产品,建筑工业化得以缓慢前行。

随着技术的发展,桁架钢筋技术的出现及工业可编程控制器 PLC 技术的普及,实心剪力墙难以自动化生产的特征日益凸显,叠合装配式建筑体系应运而生。从建筑结构来看,这种体系更接近现浇施工体系,它使工厂更易自动化生产,现场施工机械化费用也大大降低。

20 世纪 80 年代,个人电脑及计算机辅助设计(CAD)软件的普及,使产品设计逐渐实现数据化;而后随着以可编程逻辑控制器(PLC)为基础的控制系统进一步向前发展,建筑领域的思想家如 Dieter Ainedter 开始考虑建筑信息模型(Building Information Modelling)。当时还没有现代 BIM 的说法,建筑工业化还只是一个个独立的预制构件。最初针对建筑的工业化思考是如何将楼板分割,按照尺寸放置在固定或移动模台上进行加工,当时的问题是:能否将尺寸打印在模台上呢? 第一个创意就此诞生,包括一个 CAD 系统、一台超大规格的打印机、CAD 接口及具有独立数据库的智能控制系统。当时的 AIA 公司与维也纳技术大学(TU-Wien)合作设计了开发所需的软件,安装在带有 Weckenmann 制造的手动绘图喷嘴的处理设备上。该项目就行业应用来说是革命性的,因为摆模时间和构件质量得到了极大的提高。建筑工业化信息化感知神经系统的成功之旅就此展开。

随着控制系统的演进,叠合装配式建筑体系越来越多地开始通过自动控制机装置进行生产,技术的融合实现了 CAD 数据直接用于生产过程的全自动化控制,如绘图机和混凝土布料机的直接连接。CAD/CAM 软件也在此期间诞生,通过 CAD/CAM 的成功应用,到 20 世纪 80 年代末,欧洲已经能够真正自动生产混凝土叠合楼板,并最终发展到计算机自动集成的建筑构件生产,即 CIM。这里关键的硬件发明是模板系统和钢筋机器人。在自动化生产叠合楼板的基础上,通过另一个类机器人硬件装置——旋转模台,实现墙板,包括复杂形状的墙板既经济又高效的自动生产。与原来的人工生产台座方式相比,该循环流水生产系统的生产效率提高了 70% 以上,同时产品的表面和边缘质量得到大幅提升。在此过程中,许多其他自动化机械也被逐步应用于实际生产中,如自动化钢筋生产设备(自动焊接设备)、脱模设备、激光投影设备、混凝土自动布料机和计算机主控控制系统等。

这些高质量自动化设备的成功应用,在提高构件质量的同时,进一步促进了民用建筑行业的创新。

二十多年前,通过在工厂提前将各种预埋件放进预制构件的集成,现代化多功能工厂的雏形出现了。多功能工厂所考虑的预埋件工作内容逐渐超过混凝土工作,即电气和卫生设施安装、窗户、门、连接系统、销钉和相关的现场设备都可以提前在工厂安装好,现场不再需要进行相关工作。至此,建筑工业化开始具备手和脚的功能,能够继续向前运动。

运动的第一步是进一步开发技术和优化生产工艺,将复杂和简单分开,逐步实现更高程度的自动化生产(如这家多功能工厂将新的复杂叠合墙板生产线配备在二楼,而简单的叠合楼板的浇筑生产可单独进行,不与复杂构件产生冲突)。

下一步是在自动工厂的基础上进一步创新,技术发展的特别案例是在工厂生产实心屋顶楼板和特殊干墙,两种技术的成功应用都意味着现场施工的大大减少。

实心屋顶楼板使用一种特殊桁架钢连接装置,在工厂连接木质屋面板条,同时在工厂完成电器,如断路器和屋面保温板的预埋工作。

特殊干墙是预制混凝土层配有一个 U 形金属连接件,该连接件配有法兰,可以连接干石膏板。在现场安装完预制混凝土层之后,干燥的外壳就已完成,石膏板的附着及墙体油漆工程可以在第二天连续进行,不需任何中断。这样,装配人员就能

图 3-6　自动化翻转设备

（图片来源于作者）

在更短的时间内完工。

图 3-7　安装现场

（图片来源于 SYSPRO 联盟）

这两种高技术产品的案例说明，通过对普通混凝土叠合构件的制造流程进行梳理，实现构件工厂生产的自动化、精细化，可以保障普通叠合构件系统的进一步研发，并且使其在建筑结构中成为一种高科技的精密部件。

高质量自动化的工厂进一步技术研究，继续加入新的产品，其产品演化案例和演化路线如下：

1999 年，Syspro 联盟将新生产方法应用到混凝土保温墙的制造，引起市场广泛关注。这项创新的名称为 THERMOWALL，部分制造工艺参照经典的三明治预制墙，第一次创新性地在工厂将保温层装入叠合墙内。

图 3-8　混凝土保温墙制作

（图片来源于 SYSPRO 联盟）

THERMOWALL 保温墙完全沿用经典的叠合墙体系，即墙体由钢制桁架拉筋固定的两层内、外页板预制混凝土层及中间现浇混凝土组成。聚苯乙烯保温材料嵌在钢制拉筋之间，在混凝土层浇筑后立即进行。保温板之间的接缝约 2cm 宽，必须用聚氨酯泡沫填充。第一层混凝土板经整体养护后，第二层混凝土板在厂房内连接，形成经典的双层空心层。

图 3-9　现场安装

（图片来源于 SYSPRO 联盟）

建筑师和建筑公司很快就认识到了 THERMOWALL 的优势。除叠合墙的优点外,THERMOWALL 在建筑的物理和设计方面,还考虑到了风、雨、声音和阳光的影响;而且由于没有现场浇筑的缺陷,热桥效应的风险很低。

进一步开发减重薄墙也可实现保温。例如墙厚仅为 30cm,保温层为 12cm 泡沫聚酯乙烯 WLG 035,也能按照最新能耗规范满足低能耗标准要求。因此,保温墙在住宅和非住宅建筑,从地下室到顶层,都得到了广泛的应用。

为了证明 THERMOWALL 的高品质,尤其是其外页墙的防水性能,就THERMOWALL 的湿度传输与常规现浇混凝土墙和砖墙的性能进行了同等条件对比。对比实验中,三者均使用同样的保温层和石膏,但即使在不利的气候条件下,THERMOWALL 传输至房间内的湿度也比混凝土现浇墙低 50%,比砖墙低 75%。

原因很简单,与现浇混凝土墙相比,预制板在安装时就已经完全干燥,同时厚度薄且混凝土密度高;而砖墙会传输更高的湿度,是由于其较高的孔隙率,易渗透雨水或混合料和砂浆水分,水分会在几个月内蒸发进入空气,直到最终的湿度状态。

在自动工厂生产的这些构件,不仅需要具备建筑物理方面的优势,在结构设计上也有一定的优势。由于桁架钢筋的承重能力类似商场网架结构的抗剪网架,因此不需要柱子和相关基础。钢筋仅从地面水平位置插入到叠合墙芯部混凝土的 80cm 高度处便停止了。因此,结构上柱的荷载功能是由叠合保温墙

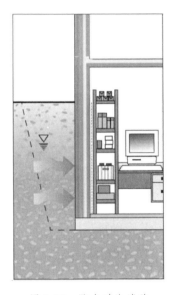

图 3-10　防水对比试验
(图片来源于 SYSPRO 联盟)

THERMOWALL 的外页板和桁架钢筋实现的。通过底部的特殊抗剪桁架钢筋设计,核心筒可以在底板无连续钢筋的情况下制造。这增加了墙体的抗压能力,在如地震的压力下只有很小的变形,同时风荷等稳定荷载可以用更经济的方式达到要求。

在高质量工厂生产的另一个创新,是通过纤维混凝土带来的"瘦身"。"瘦身"开始于叠合墙,延伸至预制层和芯层厚度、壁厚和配筋量等方面。在层厚和配筋同时减小的情况下,薄壁截面中的新鲜混凝土抗拉强度起着重要作用。在这种情况下,纤维混凝土的应用显然十分有利。丙烯酸纤维可以有效地预防混凝土裂缝的形成。这对于生产计划的实施非常有利,因为生产过程中,制作模板的时间只需要 8 小时

左右。由于混凝土中含相对大量的单丙烯酸纤维,这种纤维的均匀分布,起到了微加固的作用,同时大幅度增加了混凝土的弹性,完全避免了脱模前混凝土裂缝的形成。

使用纤维混凝土时,预制板的厚度可以减少 30%,也就是说可以减少到 3.5cm,钢筋可减少 70%。至此,高质量工厂的创新产品,最薄的纤维叠合墙壁厚可为 14cm,芯部为 7cm 现浇混凝,并具有以下优点:

从传统的 18cm 减到 14cm,业主将获得更多的居住空间。

预制层从 5.0cm 减到 3.5cm 可以减轻重量。在很多时候,只需要使用施工现场的普通塔吊就足够了,运输和组装成本也相应降低。

自 1997 年开始,欧洲监管当局批准使用特殊的 SCC 现浇混凝土,即用密实混凝土现场浇筑纤维叠合墙,至此,新的研发推动纤维混凝土现浇层厚度减小到 4cm。由于这种减小,开创了在多层建筑中使用双层墙的新方式,即使用叠合墙系统生产 10cm 厚的薄剪力墙。如今,"SCC"在经济性上的优势已经得到了证实。

瘦身进程的下一个结果是省略叠合墙芯部混凝土。创新结果是使用厚度可达 14cm 的内页板,由两个预制板通过牢固连接组成一个整体实心墙。目前,此组合已经作为一种常见预制构件逐步进入建筑市场。

不带现浇混凝土芯的叠合墙体系发明后,在经典的骨架结构中,可以通过特殊桁架钢筋连接做三明治楼板,但要薄很多。由于特殊桁架钢筋的作用,目前承载板的厚度可达 7cm,这意味着重量节省 30%,并大幅减少钢筋

图 3-11　最薄的纤维叠合墙
（图片来源于 SYSPRO 联盟）

的使用量,因为不需要提供复杂的钢筋笼,而仅仅需要单层钢筋网片就足够了。

总厚度 22cm、保温层厚度 8cm 的 THERMOWALL,一般被用作框架结构,例如仓库大厅,由于纤维混凝土的优化,只需最少的钢筋数量即可完成。

通过使用 9～10cm 厚的内页板,THERMOWALL 可以作为一般的居住建筑设计负载。由于"低能耗标准"的规定要求保温层为 12cm,因此墙体总厚度仅为 28cm。

在新型三明治墙的基础上进一步开发了新型实心屋顶，比起早期仅由一层混凝土构成的屋顶，这种特殊桁架连接更具结构优势，不会产生挠度变形问题，也不需要现场增加安装支架，现场工序大大减少，通过特殊桁架连接和一个铰链支架就可以轻松地安装，省略了过去现场屋脊和屋檐的大量焊接工作。

这种屋顶同时具有很好的隔音和防潮性能，非常适合将阁楼用作居住空间。其总厚度为30cm，保温层为16cm，可达到低能耗标准。鼓风机测试表明，即使在沙漠风暴中，室内也不会产生对流空气。由于混凝土屋顶板悬臂的承载能力，可以实现1.0m的自由跨度。

图3-12　不带现浇混凝土芯的叠合墙
（图片来源于SYSPRO联盟）

接下来的创新是将倾斜屋顶转换成水平位置楼板。这种"三明治楼板"用在地下室时总厚度为20cm，其中保温层为8cm。

三明治楼板拥有高品质的表面，无须进行上下抹灰工作。集中供暖系统的地板也可以由工厂集成在顶部混凝土层中，减少现场施工工作，也大大减少现场湿作业。

三明治楼板比现浇混凝土地板轻30％。由于纤维混凝土收缩率大大减少，从而提高了耐久性。

三明治楼板的跨度比可比现浇混凝土板长约20％。如果隔音要求非常高，则须在地毯或瓷砖下方添加5mm的干地板隔音层。

所有这些创新都需要使用精密构施工，而这些构件只能由自动化生产设备通过高质量、高精度方式实现。这些高科技建筑体系的最新发展，都是基于简单的混凝土叠合楼板和墙板高质量自动化生产后的进一步创新。同时，自动生产的工厂也将越来越多类型的预埋件和机电设备提前安装到构件上，减少施工现场的湿作业。

软件是自动化工厂实现技术进步的另外一个重要环节，正从制造系统走向全方位智能。从梳理基础流程的MES制造系统，到设备和人员互联的管理体系，软件已经全面升级为在线化软件，并能够灵活处理流程中的所有问题。

最初的CAD软件数据已经能"移交"墙板/楼板的尺寸，还能计算钢筋的需求，也能在CAD模型中计算混凝土的厚度。而这一阶段的发展就需要对不同的自动生产设备的数据进行管理，并以正确的顺序将CAD"移交"的数据传输给生产流程中互联的不同机器。这需要建立一个新的软件模型，即控制计算机或主控计算机（现在称 MES——制造执行系统)。该系统需要以最优方式准备不同项目导入的 CAD 数据,特别是要优化不同项目选取的墙板等部件到固定模台或移动模台的速度,实现生产区域的高周转率;同时,系统仍需处理特殊部件的数据及机器控制。

随着建筑部件技术逐渐能够满足更多市场的个性化需求,每条生产线都需要柔性生产越来越多的不同产品,工厂模台系统变得更加复杂,对物流和生产流程方面也提出挑战。这样,MES 进一步需要从所有连接的设备获取数据反馈,并用在线方式确定最佳的下一个生产步骤,即一定程度上进行预测。

近代的工业 4.0 或物联网(Internet of Things,IOT)通过智能传感器和 IT 技术,可以使用数据将人与人之间、设备之间和材料之间互连,但建筑业与汽车业仍然有比较大的区别。汽车工业拥有相当数量的标准化组件,控制系统仅需判定如何选择不同部件、不同颜色或不同材料等;而建筑是建筑师的美学设计产品,同时建筑技术需要满足构件价格合理的要求,甚至在最终用户修改功能或设计后仍然需要合理的价格,即(BIM)模型数据更改后,生产必须以几乎和之前相同的成本进行更改,这是建筑业智能 SMART 制造的关键。

这就需要更复杂的智能生产软件组合——"组件",该组件可从两个维度描述:垂直维度观察:计划—生产—物流。

图 3-13 预制及模块建筑智能软件解决方案

(图片来源于 RIB 公司)

水平维度预制生产之外的所有需求:

(1) 产能及资源计划(长期和中期)(人力、原材料、设备等)。

(2) 每条生产线的短期生产及监管计划(MES)。

(3) 设备自动生产和智能设备间的流程及流程梳理。

(4) 堆场到工地间的物流梳理(SCE Supply Chain Execution,供应链管理)。

图 3-14　生产的水平维度管理平台

（图片来源于 RIB 公司）

三、生产的安装计划

任何建筑项目都从勘探和成本估算开始，能否顺利完成项目，在开始阶段便非常重要，即公司是否有足够的设计、生产和安装能力完成项目。如今的 PPS 规划表在数据非常不确定的情况下，仍可提供可视化计划图，因为工作量可以在执行生产"预制分区"等工作前初步评估，如通过板、梁、柱等部件的平方米数及混凝土的立方米数来做工作量预评估。

项目合同签订后，下一个重要阶段是数据模型的工程设计阶段，即建筑模型深化阶段。这个阶段应该包含生产的所有数据（或从头开始做数据），生产数据的最后阶段有时也是最耗时的阶段，需生成物料清单及每个预制部件的几何描述——构件深化设计模型，而深化设计工程师往往是稀缺资源。"深化设计的 CAD"通常不是 PPS 系统的一部分，因此必须建立内部的数据互连。在导入物料清单时，所有部件清单均应该在数据库的参考物料目录中，或其他可链接的供应链数据库系统中。

接下来的阶段是采购流程。多数物料及预埋件通常都已有库存，而如采用 PPVC（整体预制结构），则可能有更多的组件（如卫生间和加热/冷却设备）直接运到施工现场安装或在生产线中组装，这需要在自动流程中设置检查环节，确保生产前所有材料都已经就位。

通过将部件导入 PPS 可以执行订单产能规划。可视化的计划表可通过图形显示生产瓶颈，并相应地调整计划。由于交货期一般是固定的，所以当预期的生产过程产生延迟超过一个时，系统就应设置警报。

此阶段工作流程通常包括项目生产前预制工厂内部和外部审批过程（工厂管理人员、结构工程师、设计院等），这些流程在完全数字化的平台中应该自动处理。

  一个相对高自动化的生产线应该能够柔性生产各种墙板、楼板和一些特殊部件如阳台、屋顶等，生产线模台的移动应当是自动的，物流和人工应当提前就位，人工可以利用运输时间为下一个生产模台做准备。MES 系统可以有效支持这一点，系统从连接的设备中收集所有工艺数据，数据传输应在计算机后台自动进行，数据指示从模台到达机器开始生产，直到放行至下一工位。

  当流程中需要加入人工操作的工作模台时，智能模台工作站就非常重要。对工作站而言，至关重要的是向操作员提供正确的数据——图纸、材料清单、质量表格等。智能模台工作站通过大屏幕和交互式触摸屏来展示无纸化智能解决方案，数据会随着新模台到来而自动更新，物料目录包含什么样的物料在什么工位及需要预埋什么部件。

  如以下案例，通过人工摆模及预埋件放置在模台表面：

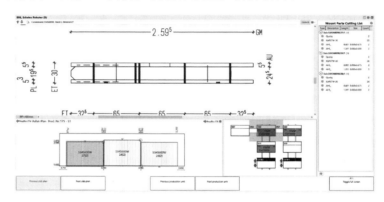

图 3-15 人工摆模及预埋件放置在模台表面图纸

（图片来源于 RIB 公司）

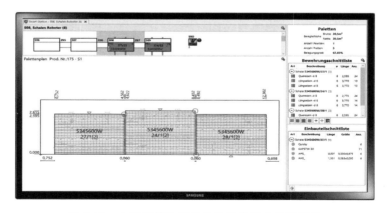

图 3-16 人工摆模及预埋件放置在模台表面图纸

（图片来源于 RIB 公司）

模台图纸显示部件位置，物料清单仅仅列出需人工放置的物料，同时在另外一个显示器上展示部件细节图纸及指定任务，或通过单击模台图，在同一显示器上激活细节图。

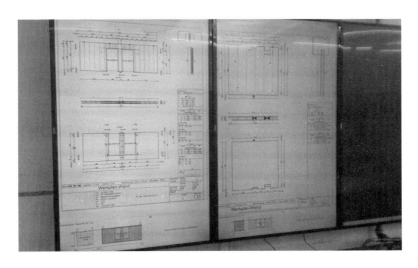

图 3-17　显示器展示部件细节图纸

（图片来源于 RIB 公司）

操作工可提前做好准备工作，数据来自工厂布局图的一部分，通过单击改变的数据，可了解下一个工作模台的数据，这样，当下一模台到达时，工作就可以及时完成。

图 3-18　MEP 工作站，设置管、电缆等

（图片来源于 RIB 公司）

由于人工模台工作站无法自动报告开始/停止时间戳记,智能工作站可充当计时终端。模台在下一步使用前也可以授权班长检查放行(通过无线密匙或者传统的钥匙授权进行)。

脱模工作站的智能设置可以用颜色指示工人——同一发货单元的部件及其位置在系统中用相同颜色显示。叉车司机在远处就可以知道哪些货架需要转移到堆场。

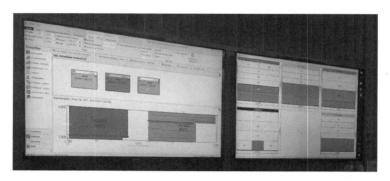

图 3-19　RIB SAA 系统截图
(图片来源于 RIB 公司)

质量保证也是智能生产的重要目标之一,即系统可以提供及时有效且信息丰富的质量信息。这可以通过多种方法获得,如:

图 3-20　RIB SAA 系统截图
(图片来源于 RIB 公司)

- 在生产线设置一定数量的特定"质量窗口"来完成质量报告,也称为"质量对话",因为报告需要数字化输入比对并在中央数据库中存储。
- 自动拍摄生产部件照片,将其与 CAD 数据进行比较,并找出其准确性或完整性(人工进行或通过图像处理算法自动进行)。

- 在生产和交付周期内的任意节点,都可以随时使用智能手机人工拍摄照片,做出附带质量说明,并将它们链接到产品。

所有收集的信息都应通过生产的部件或备忘方式来实现查询,并能够自动上传到 PPS。当质量缺陷需要修复或重新制作时,流程必须通过 PPS 启动,这样才能保证成本和材料需求最终准确无误。

流程的可视化也是智能制造的重要功能,现代化的图形可视化功能可以实现快速、精确访问生产过程中的数据,这需要两种数据信息:产品信息和设备信息。其中,产品信息包括生产进度、产品细节信息、产品历史记录(工序、工时和材料消耗等);设备信息包括传感器、执行器信息、故障描述信息及人工操作相关的组合方案提示等。

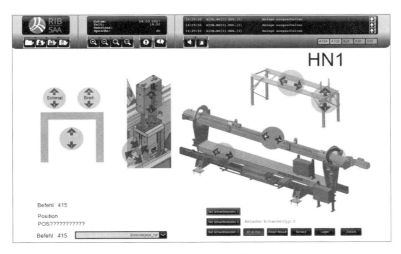

图 3-21　RIB SAA 系统截图

(图片来源于 RIB 公司)

把这些信息分层并相互链接整合,在基于 Web 的系统中具有很大优势,这样一来,这些正确而实时的信息就可以在需要时在工厂的任意设备和任意位置上访问及获得,甚至可以实现在限制安全区内的设备移动。

同时,从物流视角看,生产流程中采集的大量数据(部件生产、设备故障、人工操作等时间节点)可以在任意位置生成流程的历史视图,这种基于真实数据的历史数据模拟,对离线分析生产瓶颈和事故非常有效。

智能制造也需要制订灵活的物流工作计划,欧洲在过去的几十年间,为适应更多的产品及产品组合,生产设施变得更加灵活,因此工作台/设备都连接着灵活输送系统;作为 MES 的一部分,物流也需要足够数据做出部件生产路线等正确决策;同时工时评估专家将生产流程分为多个基本工艺,然后对工艺工时进行评估,并将每个工艺和所需物料关联,这样工作计划或制造计划就转移到了 MES,在那里形成对物流计划的基础指导。关键工作步骤通常需要在不同的工位或某些设备上优先生产,这就要根据生产线当前的状态来配置优先级表单,之后需要向 PPS 进行反馈,即部件工时、机器工时、等待时间等信息反馈,成本控制部可以利用这些数据进行比较和优化。

由于整个 MES 的系统数据几乎是无穷的,因此需要设立信息屏幕来智能显示不同目标群体对实际数据和比较分析数据的需求。

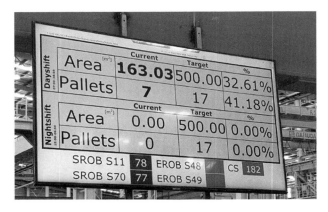

图 3-22　MES 的系统数据信息屏幕
(图片来源于 RIB 公司)

智能包装在构件生产流程中也是重要的一环。产品离开生产车间运输前,通常会提前包装好,包装顺序也由现场安装顺序决定,因此对生产流程优化有很大影响。为获取部件是否正确"堆放"的信息,构件通常含有条形码或 RFID 标签,操作员可以使用扫描设备(如智能手机 APP)对其进行扫描,或将其装在移动物流车、叉车或卡车上,通过扫描门自动进行"扫码验证"。

智慧物流可以在许多方面进行优化,部件生产的最终目标是建筑工地安装而不是堆场或仓储运输(供应链执行系统 SCE),因此至少需要知道每一个打包部件在堆场的位置,可以通过智能手机 APP 来链接 PPS。如果需要缩短卡车装卸时间,还需要另外的软件来实现最佳装车时间,最终的流程优化甚至可以帮助实现全自动的堆场货架仓储系统。

提前试验操作几卡车货物装卸,可有助于决定卡车装卸的最短时间。运输虽然由工地状态决定,但根据自己拥有的卡车可以做预计划,或者和外部物流公司打通数据平台,这样就可以随时根据订单调整物流信息。

安装往往由经验丰富的专门安装团队进行。可以培训他们使用PPS履行计划,这样就可以提前匹配自己可用团队资源和计划订单是否有缺口,软件需要的自动安装资源是否空闲。在团队资源紧张时,负责人需要利用随时可调整的软件工具安排所有的工作,而不发生任何冲突。如果遭遇任何工地延误或变化,这些工具需要随时调整做出新的计划,因此,非常重要的是系统能够发现冲突,并帮助找到可行的解决办法。

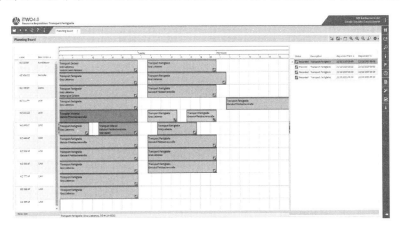

图 3-23 供应链执行系统 SCE

(图片来源于 RIB 公司)

建筑行业的智能生产主要指对建筑物结构部件进行预制生产,而建筑多是个性化设计,因此需要独立生产和处理。智能生产的基础必须是一个独特的数据库系统,所有连接的软件系统都可以实时访问,从而实现"单一事实来源"。从某种意义上讲,智能生产解决方案的输入必须是具有足够数据信息的三维模型,任何用于互连的设备及人工操作模台,都不能有信息越过系统;智能制造总体红利是当"外部"变化(客户端)或延迟(施工现场)时,系统能够保持高度灵活性,生产经理能够掌握流程优化和成本控制所需的所有信息,同时尽量减少使用纸质文件,从而可以在车间的任何工作地点以清晰、简单的建议来赋予整体生产系统灵活性。

目前,欧洲的装配式建筑部品部件已经实现高度智能生产,设计图纸通过软件转变成数据,把数据导入生产线主控中心,控制中心会把数据分配到生产线上的每一台设备。例如模具组装有机械手按照数据进行组模,钢筋网片有机械焊接成型机械手自动放入模具,混凝土布料机自动浇注布料,振动台自动振捣密实,自动化堆场管理等。

图 3-24 机械手组模

（图片来源于 RIB 公司）

图 3-25 钢筋网片自动入模

（图片来源于 RIB 公司）

图 3-26 布料机自动布料

（图片来源于 RIB 公司）

图 3-27　振动密实的墙板
（图片来源于 RIB 公司）

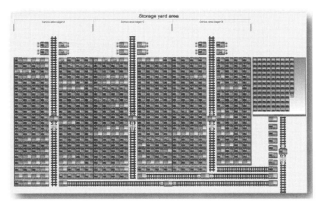

图 3-28　自动化堆场管理
（图片来源于 RIB 公司）

　　从图纸输入到构件出厂,智能化设备全程按照图纸要求实现产品的生产。从"拖泥带水到干净利索",看似简单的工艺操作步骤的转变,其实是大数据、互联网、智能工业化制造应用、设备加工能力的体现,即在自动化生产的基础上,通过进一步流程梳理,加入互联工具如二维码或芯片进行信息采集并管理所有构件。至此,建筑工业化开始拥有感官系统的特征。

　　基于以上分析,中国的智能制造,也需从设计阶段的流程梳理、软件互联及技术进步等基础课题入手,设计出来的产品要符合自动生产制造特征,即建筑产品需要模块标准化、数据化。如叠合楼板,四面伸出钢筋就不适合自动化制造,而设计成单向板,且四面不出筋,就不仅适合制造,也容易转换成设备可识别的语言进行自动生产。同时从标准规范着手,进一步理顺体系上的问题,加强创新技术在自动化生产线上的应用,在实现自动化生产的基础上进一步加入智能流程,才可能最终实现生产智能化。

跨入 21 世纪,建筑不再是一个单纯的生活空间,而将成为居住者温暖和舒适的家。建筑必须肩负社会责任,满足景观、气象、交通、环保、节能等要求。建筑还要向未来负责,未来的建筑一定是依照客户要求定制的建筑,大平层多户型组合,满足不同年龄、不同家庭的需求。低排放或者零排放的绿色建筑能够让人类在室内回归大自然。此外,在建造过程、使用和管理维护上都需要实现智能化。同时,越来越多的专家和客户开始关注城市规划和建筑结构及质量的可持续性,建筑工业化在可持续发展方面所具有的明显优势也越来越受到重视。工业化建筑在可持续、个性化、智能化、与环境共生、和谐发展等要求下,总体设计规划也变得更加重要。

随着新型信息化技术的时代来临,CAD 计算机辅助建筑设计/CAM 计算机辅助工厂生产、虚拟现实 VR、混合现实 MR 指导的现场安装技术,会不断产生融合,建筑产业互联网智能制造的时代一定会到来。就像目前智能汽车已经具备的初级生命特征一样,建筑工业化也将具备生命的特征,届时,大数据和物联网产生的数据将用来指挥智能化柔性生产线,智能设备和机械手将制造出符合要求的构配件用于个性建筑,建筑工业化也会进一步具备生命思想的基础,和人类其他进步一起进入自我进化的下一个时代。

第九章

梦 想 屋

　　每个人都有自己的梦想,梦想的重要组成部分之一大都是属于自己的生活空间,而且是自己真正喜欢的生活空间。写作期间,我询问六岁的儿子,是否有自己心中的梦想屋,他随手给我画了七张草图,其中之一有三个房间:卧室、客厅和厨房,支撑结构由树干和楼梯及房屋之间的平台组成,客厅和厨房分别连接两个无人机测试间,由 5G 和 6G 基站指挥无人机测试,整个建筑的能源系统由太阳能支持,整张草图的绘制耗时 10 分钟……

图 3-29　孩子心目中的梦想屋

(图片来源于作者)

　　多年前,梦想屋是真正的梦想,不过近年来,在即将到来的建筑产业互联网帮助下,梦想已经开始微微迈进现实。

一、建筑产业互联网

百度百科给出的产业互联网的定义为：基于互联网技术和生态，对各个垂直产业的产业链和内部的价值链进行重塑和改造，从而形成的互联网生态和形态。产业互联网是一种新的经济形态，利用信息技术与互联网平台，充分发挥互联网在生产要素配置中的优化和集成作用，实现互联网与传统产业深度融合，将互联网的创新应用成果深化于国家经济、科技、军事、民生等各项经济社会领域中，最终提升国家的生产力。

1946年，第一台计算机诞生，体积比一层楼还大，每个晶体管都比炮弹大，运算力低于现在的计算器，但其发明开启了信息化、工业化时代；1969年，互联网诞生，通过共享知识获取，大大提高了生产力；2007年，iPhone诞生，标志着移动互联网时代的开启，消费互联网随后进入快车道；2018年，5G牌照发放，标志着产业互联网应用的元年。通过万物互联，产业互联网将进入互联网技术的下半场，深度改造各行各业，同样也会重塑建筑业及建筑业的生态，尤其是工业化建筑的产业生态。

顾名思义，建筑产业互联网就是将建筑业的各个系统，通过不断发展的人工智能、5G、物联网、大数据、云计算等技术，深度耦合到互联网，使人和物在线化，并通过互动促使建筑产业生态进化。图3-30以装配式建筑项目为例展示了其概貌，需要通过在线的方式将各参与方放到互联网协同平台上，通过协同和数据智慧化，组

图 3-30　装配式建筑项目涉及相关方

（图片来源于互联网）

织丰富的业务服务资源,并通过业务间的动态集成与协同,形成一个自适应、按需聚合的蜂窝状集成化业务服务网络,协同解决目前装配式建筑一体化设计施工中的一些主要问题,如各单位信息不对称、数据可追溯性差、多个参与方沟通成本高、施工人员水平参差不齐、工期成本不可控、统筹管理程度低等。

　　建筑产业互联网 IoB(Internet of All Building Business)的实现需要以实体经济为主体,以虚拟经济为载体,以精准满足客户需求为中心,以为客户创造一个更舒适、更便利的高效生活环境为目标,其特征是服务,因此内核平台的具体构成应包含三个部分:商务服务、生产服务和生活服务。

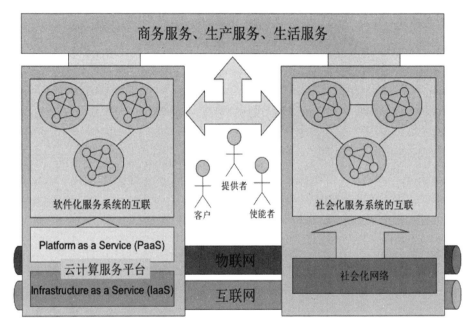

图 3-31　建筑产业互联网

（图片来源于清华大学范玉顺教授）

（一）建筑产业互联网的商务服务

建筑产业互联网的商务部分是以建筑的虚拟/信息世界为主载体的软件互联、

智能设计终端互联。通过与客户互动并通过机器模拟学习多次迭代,最终实现实时精准把握客户需求,通过以 3D 设计建模技术、虚拟还原技术为基础的 VR/AR/MR 技术,在 5G 时代将以更快速度实现低延时的设计和用户的互动,并以技术人员网上协作的方式,将模块化设计数据通过云端转移到任何设计人员分包或总包。建筑产业互联网的商务服务部分最终应由 5D BIM＋垂直云＋人工智能＋聊天机器人组成,商务服务平台上经过用户确认的实时产品数据,可以准确传输到建筑产业互联网生产服务平台的智能机器上进行柔性定制生产。

5D BIM 是由 3D 可视化 BIM 模型综合时间计划和项目进展综合成本数据构成的模型,可将实体建造虚拟模型化,同时将算量计价、进度计划、供应链管理、部件生产、项目管理协同及运维管理整体在线化。

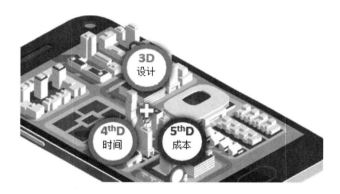

图 3-32　5D BIM

（图片来源于 RIB 公司）

5D BIM 实现数据在线协同,需要具有不同功能的垂直云将数据智能化,这样的垂直云平台可分为四个部分:客户互动房屋展示销售云、装配式建筑部门协同云、建筑部件的部件云、智慧园区运维云等服务云。

建筑产业互联网下的建筑产品应该是能够精确发现并准确满足客户需求的定制建筑。房屋展示销售云通过精准模拟各种风格户型房屋,经过可视化技术的渲染,开放到云平台,向 C 端客户做房屋展示和销售,通过与客户在线互动和机器学习的设计迭代,逐步实现对客户实际需求从粗略到精准的描述,最终客户可以参与虚拟建造的全过程。

标准的构件库云平台可为客户带来更多的感官细节,可使其感知最终建筑产品的部品部件不同的功能和成本,同时为创客和设计院提供装配式建筑设计时的参考基础。

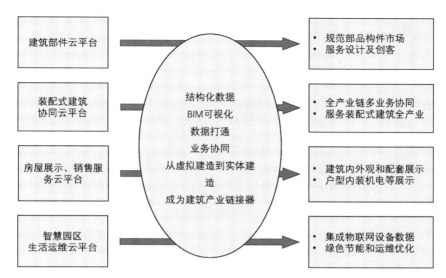

图 3-33　产业互联网垂直云构成

（图片来源于清华大学范玉顺教授）

　　智慧园区运维云则是通过物联网在线技术及大量传感器连接的智能建筑维护系统、智能家居系统组成的智能建筑生活运维云,更加方便客户生活,也可以为区域提供更多的基础数据。

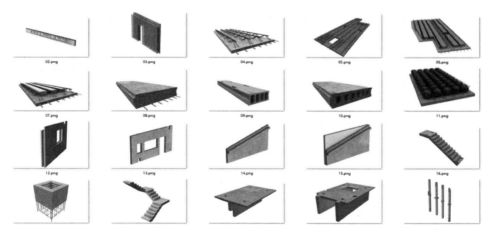

图 3-34　构件库云平台

（图片来源于作者）

（二）建筑产业互联网的生产服务

经过前端销售确认及定制设计的建筑实时数据，可以传输到生产云端或者生产厂家的主控计算机。经过长时间的积累，云平台将拥有大量"标准"建筑部品部件模块。这些部件都可以实时产生构件物料需求，立即进入供应链管理阶段，而设计的非标部分，则可以经过少量深化设计过程尽快转化，并完成整个项目物料需求。同时，这些构件深化设计也会成为构件库云平台"标准"构件基础数据的一部分，成为下一个项目的标准构件设计部分，这样就可以优化供应链管理流程，以最快速度实现采购，从而最大限度地减少库存的压力，缩短建筑生产交货周期，高自动柔性生产的部件，也可按照项目需求实时进入工地施工安装。

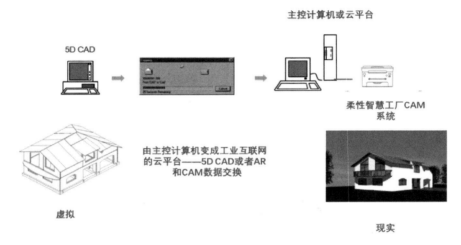

图 3-35　虚拟到现实的过程

（图片来源：作者原创）

柔性生产工厂的整个流程需要一体化，将建筑作为最终的、整体的工业产品。该生产流程需要由拥有 AI 知识的生产效率专家进行大量梳理，部件的物料生产全过程通过 RFID 芯片链接上网，自动柔性智能互联的机器进行生产时，每一个环节出现问题，都需要全流程迅速信息协同，通过人工干预，迅速恢复全流程自动生产。灵活方向的未来柔性生产线，标准部件生产在 S 模台上生产，该模台运行为单方向水平行进，复杂定制部件或预埋工序通过人机互动的工作岛 Insel，在水平和垂直双方向灵活工作，S 模台上出现问题的标准部件也可以立即移动到工作岛 Insel 上解决后再返回；生产云同时需要连接自动仓储系统，并能够实时感知现场施工物料需求计划,也需要连接现场安装计划,通过感知灵活现场人机互动安装设备的反馈,实时调整生产计划;这些系统及装备通过传感器、控制器和软件应用程序连接起来,完成整体设计传达的数据指令。

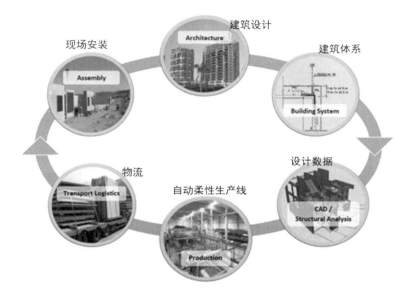

图 3-36 将建筑作为整体工业产品的柔性生产流程

(图片来源于 Prilhofer 公司)

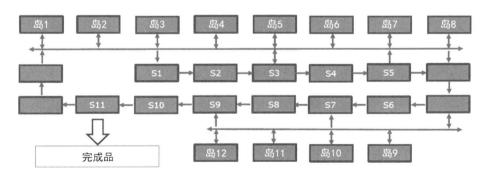

图 3-37 未来灵活岛链式流水线

(图片来源于 RIB 公司)

(三)建筑产业互联网的智能生活服务

智能房屋、智能家居互联,组成建筑产业互联网的智能生活服务:智能房屋机电维护系统和智能家居系统在不妨碍隐私的前提下实现数据交付和数据互联，在产业互联网的生态中可以变被动服务为主动服务。

建筑产业互联网的核心目标是生产以客户为中心的建筑产品，通过三种建筑产业互联网的服务形态，在客户、提供者、使能者之间进行实时智能互联，推动传统行业由粗放被动服务到精准主动服务的转变，以客户为中心，以连接为载体，建立各种更加真实的数据体验，将客户真实需要实时转化为设计和产品需求，支持更为智能的设计、操作、维护以及高质量的服务与安全保障。

建筑产业互联网的基础实现手段是通过物联网、互联网、云计算的高级分析算法，将各种互联平台化，这些基于物理的分析法和预测算法会直接反馈给用户，通过蜂窝式链接的网络平台及互动社交网络发现客户需求，通过 AR/VR/MR 技术理解客户需求，通过高自动智能柔性生产线满足产品需求，并通过以二维码、RFID、传感器、高速摄影等技术链接的智能建筑，进一步产生建筑全生命周期的服务需求，通过智能冰箱、智能电灯、智能音箱、智能马桶等智能家居，提供客户全生命周期的健康舒适生活，最终实现人类梦想屋的愿望。

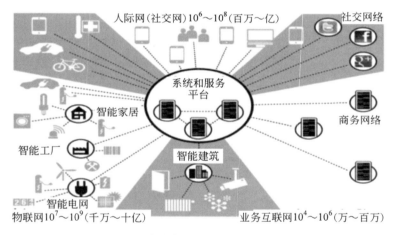

图 3-38　建筑产业互联网基本组成部分

（图片来源于清华大学范玉顺教授）

基于装配式建筑的产业互联网平台最终需要包括以下基本部分。

- 以通用结构化数据为基础的装配式建筑一站式平台，连接 C 端和 B 端。
- 以 BIM 数据为基础进行 3D 建模，相关数据可以实时管理和利用。
- 结合虚拟还原技术的 BIM 可视化，重新梳理装配式建筑全生命周期的业务流程。

- 信息协同化,使信息更为快速地在各方传递,通过多方协同提高效率;与各方开放合作,参与建筑设计、构件设计、生产、物流、建筑施工和监理等各方的生态建设,提升装配式建筑全产业链效率和质量。
- 数字交付平台,连接物业运维、智能家居等建筑全生命周期的参与方,共同推动装配式建筑虚拟建造和实体建造结合。

总的来说,未来的建筑产业互联网是后工业化时代的基础建设,发展空间巨大。其思想是旧工业体系集约化、标准化思想的终结,而不是其延伸。建筑产业必将迎来定制化、个性化、全生命周期数字管理的新时代。

二、梦想屋——基于建筑产业互联网的个性化建筑产品

如本章开场白,每个人心中都有自己的梦想,梦想的一个重要组成部分是拥有属于自己的活动空间,希望和自己的朋友在舒适的活动空间里互动,这个空间就是梦想屋,其学术名称应该是差异化定制房屋,这是标准工业化建筑和信息化结合后的产物,准确地说,应该是在产业互联网基础上能够为大众普及使用的后工业化建筑。过去,由于成本高昂,梦想屋在工业文明集约化标准化的生产模式下是根本无法大量完成的奢侈品。根据 Mr.Andrés Briceño-Gutiérrez 的论断,在人工智能技术日趋成熟的条件下,梦想屋的建筑设计也会通过"模块化、计算机设计化、参数化和人工智能化"四个阶段,一步步精炼、完善而得以实现(Chaillou,2017 年)。

图 3-39 为梦想屋的雏形之一,根据客户需求,空间可以灵活定制,结构部件化,部件全生命周期可追溯,各种机电设备智能互联,整体采用智能装修、智能采暖照明、智能家居等。

图 3-39　空间灵活的建筑,各种智能家居提前预制

(图片来源于 Prilhofer 咨询有限公司)

三、梦想屋的产业互联网商业模式

建筑产业互联网的思想体系不再是工业化时代的集约化金字塔体系,商业模式也会有很大的不同。传统建筑产业的商业模式为企业到企业到客户的模式,即 B to B to C 模式,开发商会调研地块周围的市场,根据过去已经产生的市场数据推测需求,设计开发规模化产品,自建网络或者聘请第三方销售公司销售给客户,这种模式很难准确发现客户的真实需求。建筑产业互联网时代,由于万物互联后的蜂巢思维,梦想屋商业模式和目前的最大区别应该是去中心化的,即 C to B to B,客户在互联的平台上通过互动提出需求,互联的平台开发商和创客及时精确把握客户需求并共同予以满足,共同进化,具体形式如图 3-40 表达的各种生态共生的建筑产业全生命周期的愿景总览。

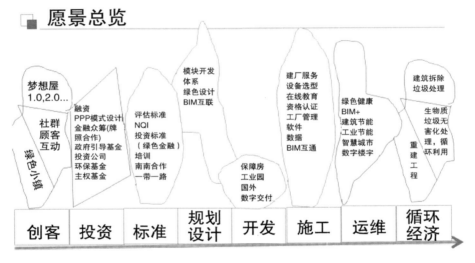

图 3-40　建筑产业互联网商业模式愿景

（图片来源于作者）

（一）创客服务

从本质上讲,只有自发性、灵活性和适应性特别强的新方向或者新工具,才满足网络通信资源发展的趋势。

梦想屋的实现,需要有一个新的组织结构,该结构需要基于灵活、互通、集成、水

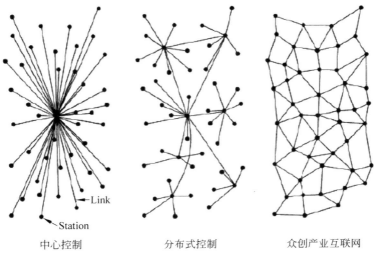

中心控制　　　　　　　分布式控制　　　　　　众创产业互联网

图 3-41　创客服务

（图片来源于 Baran，1964）

平链接的原则，能够在社群社区中局部聚集，并能够反映社会的凝聚力，与目前主流的垂直结构并行，允许人们整体协同，有活力地去运行一个开放、复杂和动态的系统。由这个系统组成的基础设施，可以让价值观一致的客户，通过社群互动的方式众筹资金，众筹服务需求……，从而为企业与经济体提供历史性的新机遇。梦想屋的产品也会在产业互联网的基础上不断迭代更新，成为纷繁复杂的系列建筑产品。

机遇一：销售模式的改变

　　传统的建筑设计图纸，是平面二维、三维图纸，即使拥有样板间，仍然比较容易与用户产生纠纷，因为客户的需求是概念性的，而图纸和样板间与实际产品可能存在较大的差异，少量案例甚至是销售经理误导产生的需求。建筑产业互联网时代，创客可以将各种风格的建筑及装修，如仿古、中式、欧式等风格的概念性设计经过3D建模，数字孪生技术用 VR 或者 AR 形式精准展现，或结合现场的 MR 混合现实技术转化为实时场景，和客户设身处地地进行细节交流，甚至在不远的未来，还可身临其境地体验虚拟空间，客户可以像玩游戏一样，根据实际感受参观虚拟的样板间，并可以多次提出甚至亲自参与修改图纸信息，经过确认的图纸信息，可以直接传递给工厂生产，客户甚至能够通过 VR/AR 体验工厂生产的全过程，然后再最终决定选择哪个生产厂家来制作完成他的梦想屋。

机遇二：产品研发及市场调研的模式改变

传统房地产的调研方式是实地统计地块周围竞争对手楼盘销售情况，结合历史数据，主观判断什么样的产品户型及价位客户能够接受。这种方式通常将数据收集、分析和决策分隔开来，只能间接推测得到用户的数据。随着模块式建筑体系设计数据的完善，信息技术成本的下降，VR/AR/MR技术的普及，机器学习的系统工作能力将大大提高，系统可以通过分析用户实时互动产生的高频率数据，无限接近客户的真实需求，为决策提供及时、精准的依据。同时，决策后的数据可以直接指导生产，降低信息沟通成本，缩短建筑产品研发周期，提高产品成功率，减少库存积压，也可以提升投资资金的使用效率。

机遇三：建筑设计的知识付费模式

建筑工业互联网时代的创客会在互联网上大量公开其原创设计图纸，因为版权数字保护技术已经成熟，这些图纸的数字信息会拥有可追踪的密钥，所有人都可以通过云端下载免费观看，但如需商业使用或部分修改商业使用时，则需要支付费用。每一个设计模块被重新使用到其他图纸上时，作者都能收到费用，设计产权和使用权将产生分离，有利于技术的创新和整体成本的降低。数据化建筑设计组合也会出现关键词搜索，如同目前的知识付费工作一样，建筑设计师们会更加精心思考每一个设计模块的接口是否合理，其设计是否能像工业化设计产品一样被大量重复使用，从而节约总体设计成本，同时也能更好地保护设计的知识产权。

机遇四：通过建筑产业互联网平台实现众筹资金建房

图 3-42　德国汉堡私人众筹建筑

（图片来源于 Prilhofer 咨询有限公司）

价值观趋同的客户群体通过众筹获取资金后,在建筑产业互联网上委托合法机构开发,同时可以通过遍布全球的蜂窝状创客群体完成众包产品设计服务。

这样的开发模式,可以更多地实现客户的真实需求,客户在每一步都能知情,参与建筑开发的各方也将更加重视整体建筑品质的提升。这种消费者全程参与决策的开发模式的另一个优势是,能够间接推动中国房地产产业早日实现国家供给侧改革及高质量美好生活的愿景。

（二）投资

在建筑产业互联网的驱动下,海量的结构性基础数据可以迅速形成各种定向报告,供政府 PPP 模式、政府引导基金及其他投资机构使用。更加精准的数据能够提高决策过程的透明度,并降低投资风险,最终有利于吸引各类型资金的投资及提高投资效率。同时,大量资金的积极投入,也能吸引更多新型企业参与创业创新。

（三）标准

建筑标准的发布及实施都将是数据化的,通过和国家建筑标准机构和行业协会标准机构互联互通,产品的标准图集数据在建筑产业互联网设计平台上可以直接调用,每一张数据化设计图纸只需指定路径,即可以使用图集内容,最终产品图纸信息将更加清晰,细节更加准确可靠。

（四）建筑规划设计

用户在建筑产业互联网上会产生大量与建筑有关的信息、行为、关系三个层面的数据,这些数据的沉淀,有助于精准影响进一步的规划设计及决策,包括建筑高度、日照间距系数、红线退界、容积率、覆盖率、绿化率(含集中绿化率)、停车位、配套公建指标等规划内容。

（五）开发

开发企业需要全部数字交付,传统大企业标准化、平台化的规模优势将会受到挑战,其组织结构需要重组,从集约中心化的管理变为去中心的蜂窝式赋能形态,以满足迅速变化的实时市场需求。

（六）施工

施工企业会向智能制造业转型,由目前社会化、大规模人工生产的社会组织,经过半自动化、高自动化，最终实现自动化智造的转型。这是一个不断提高自动化生产效率，同时又能够不断提升柔性生产力度的转型过程，大型建筑施工企业会转型升级为具备一体化设计智造能力的加工企业，拥有自己独立的数据化体系，通过开放接口和社会化建筑产业互联网平台链接；小型施工企业将无法独立拥有自己的系统，而是直接免费接入社会化建筑产业互联网平台，提供数据，并获得数据支持服务。基础的建筑产业互联网也会提供类似目前的云服务；而生产企业需要加大 AI 人工智能的投入，将所有零部件接入互联网，并具备解决问题的新能力，即在任何时候，任何部件生产过程中出现的问题，都能够立刻反馈，并能够立即全流程梳理问题，溯源及解决问题。

（七）运维淘宝模式

运维体系及家居体系在产业互联网时代，会通过传感器链接成为智能运维体系和智能家居体系，把被动服务变为主动服务，整个体系更像建筑产业互联网的淘宝模式。

20 多年前，比尔·盖茨花费 6300 万美元历时 7 年打造的 6000m² 豪宅"世外桃源 2.0"，是智能运维体系的典型案例。该豪宅通过多组传感器，将建筑运维体系进行数据化链接，如四季如春的自动恒温系统、自动安防系统、按照权限设计的自动访客系统、随人体移动的自动灯光系统、随人体移动的环地自动音乐系统等，在当时都是需要投入巨资的奢侈品，建成时仅拍卖参观门票便曾经高达 22 万元人民币一张。而在产业互联网的推动下，这些技术很快就会变成大众产品。由于数据可以上传云端，管理系统可以预知方式自动提醒客户保养、更换、维护设备，同时加入管理合理膳食的智能冰箱，管理分析健康数据的智能马桶，带传感器的锅碗瓢盆、奶瓶等智能家居，都会得到大量的生活数据，为未来更加高质量的舒适生活提供更多的想象空间。这些数据和服务与云端销售平台相连，客户在自己的智能手机上确认后，可以得到各种主动的售后服务支持。

（八）可持续循环经济

全生命周期的建筑拆除，也需要像苹果手机拆解机器人一样，有清晰的拆解物流路线，经过无害化处理，循环再利用。最理想的状态是新建建筑能够 100% 重复使用拆除的建筑废弃物，并消耗其他环境中的废弃物，产生"循环可持续建筑＋"的概念。

阿里巴巴集团学术委员会主席曾鸣在《智能商业》一书中阐述，未来成功的企业需要问自己的公司是否解决了以下四个问题：（1）企业是否最大限度地实现了网络化？（2）企业是否成功地引入了机器学习的效应？（3）企业是否最大限度地使用机器决策代替了人工决策？（4）企业是否能够将收集的数据信息顺利地与其他不同类型数据进行交换？这些问题回答得越好，企业就越成功。在建筑产业互联网的背景下，这些问题的回答将催生一种全新的商业模式，这是一个思想体系的重构，即由闭环、封闭、分割的建筑生态模式，走向开放、包容、合作、共赢的模式，真正实现以客户为中心的精确描述，准确满足客户的个性化需求，组织结构也会变得更加去中心化，高质量、健康、可持续的个性化产品会成为市场主流，行业内的每个公司都将面临巨大的挑战和机遇。

第十章

未来技术创新的方向

据联合国人口司公布的数据,进入20世纪的不到20年间,人类人口增长超过20亿,截至目前,世界总人口数量已经超过74亿。按照这个速度,再过10～15年,地球上就会有超过100亿人口,而地球总共能承载多少人口呢?不同的机构或科学家都给出了不同答案,有的说90亿,有的说100亿,有的说150亿……没有定论。但随着科学技术发展,劳动生产力提升,这个数字一定会变大,而一个明确的事实是,凭借传统的建筑建造技术,人类将无法维持迅速扩张的人口,这些人口也无法过上高质量生活。比如,在刚刚过去的2019年,沙子作为基本的建筑材料已经成为全世界最大宗的走私材料,人类必须寻找创新领域,从而可以使用更少的材料,或者更多地使用工业废弃物。

与此同时,据斯图加特大学轻型建筑结构研究院的研究显示,从1940年到2016年的约76年时间里,农业通过生物工程,土地合并自动化生产,劳动生产率提高了1512%;汽车业通过自动生产流水线和模块化设计,劳动生产率提高了760%;零售业通过大规模及物流仓储的流程优化,劳动生产率提高了699%;而建筑业的劳动生产率只提升了6%。这与建筑理论、建筑材料及信息化创新技术在建筑体系中的发展速度慢,建筑对安全的苛求使技术难以迅速得到应用有直接的关系。这种低效与人类的老龄化矛盾日深,而随着新型数字化的技术普遍推广,提高劳动生产率的新方式、新方法、新创新都有望在建筑业得到更广泛的应用。

要应对挑战,建筑业必须在材料、工艺、生产方式及软件平台等方面进行创新。

一、创新建筑材料

(一)创新建筑材料之一:废弃物循环利用,变废为宝的循环经济

全世界每年会用掉320亿～500亿吨砂子,这个用量比自然再生率要高。预计到

21世纪中叶,砂子的总需求可能会超过总供给,目前已经出现了供给不足的现象。

砂石的过度开采带来了环境和生态的危机。例如,在湄公河三角洲,越南政府估计有5 000 000人将会搬离因河道挖砂而坍塌的河岸。在印度北部的恒河,由于河岸被侵蚀,以鱼类为食的恒河鳄的筑巢和繁殖栖息地遭到了破坏。恒河鳄是一种极度濒危动物,其中成年的个体在印度北部和尼泊尔的野外仅存约200只。[①]

2018年以来,中国多地砂石骨料供给相继告急,"一砂难求"近乎常态。数据显示,河南建筑用砂年需求量在2.1亿吨左右,而全省经批准许可的河砂开采量仅有4000万吨左右,缺口达80%以上;福建2019—2021年年均建设用砂量预测为1.1亿立方米,而缺口却达75%。部分地区砂石价格涨幅近100%。不得已之下,广东、福建、浙江、江苏、海南等沿海地区已开始从马来西亚、朝鲜等国家大量进口砂石。

中国砂石年用量达200多亿吨,约占全球的50%。但目前国内砂石市场总体表现为供不应求,局部需求和供给的矛盾已经凸显,与2018年相比,2019年的供需矛盾更为突出。[②]另一方面,改革开放40年来,我国经济快速发展,煤炭、电力、冶金、化工等行业迅猛发展,产业水平不断提高,规模不断扩大,能力不断增强,随之而来的环境和资源压力也在不断加大,其中,大宗固体废弃物排放已影响和制约了产业经济的高质量发展。在建筑领域开展资源综合利用已经迫在眉睫。

工业固废是指以尾矿(共伴生矿)、煤矸石、粉煤灰、冶金渣(赤泥)、化工渣(工业副产石膏)、建筑垃圾等为主的工业废弃物,是工业化建设的伴生产物。根据权威部门统计,当前我国工业固体废物年产生量30多亿吨,历史累计堆存量已超过600亿吨,占地超过200万公顷,不仅浪费资源,占用土地,而且严重危害生态环境和人民健康安全。[③]

2015年4月16日,国务院正式印发《水污染防治行动计划》,对城市黑臭水体整治划出期限。截至2016年2月16日,全国295座地级及以上城市中,共排查出黑臭水体1861个。而据环保部统计资料,2014年我国城镇污泥产生量为2801.47万吨,同比增长11.57%。目前我国大部分城市已经很难应对城市内巨大的污泥量,传统的填埋、焚烧和污泥堆肥弊端较多,占地大,处置成本高,还容易引起二次污染问题,已经不适合在现代城市应用。[④]

随着我国城市化进程迅猛发展,每年产生千万吨甚至上亿吨的建筑垃圾。建筑

---

① 来源:http://www.ycrusher.com/news/137156.html。
② 来源:中国砂石协会《解困"砂荒"——胡幼奕:推进机制砂石行业高质量发展》。
③ 来源:张红《混凝土是我国工业固废资源化的扛鼎产业》。
④ 来源:http://www.hcstzz.com/show.aspx? NewsID=354。

垃圾是指个人、建设单位或施工单位对各类建筑物、构筑物等进行铺设、建设或拆除过程中所残留下来的弃土、弃料、渣土、余泥及其他废弃物。据测算，每 10 000 平方米建筑施工面积平均产生 550 吨建筑垃圾，建筑施工面积对城市建筑垃圾产量的贡献率为 48%，那么保守估计，2017 年我国共计产生建筑垃圾 1.045 亿吨，2018 年约为 1.1 亿吨。结合住建部公布的最新规划，到 2020 年，中国还将新建建筑 20 亿平方米，届时，我国建筑垃圾总量将达到峰值，预计会突破 30 亿吨。[①]

一边是砂石材料供应短缺，另一边是大量的工业固废物占用了大量的土地资源，并且产生二次污染。固体废物的无害化处置和资源化应用的研究工作，必将引起全社会的高度重视和深入研究。

粉煤灰、矿渣、钢渣、建筑垃圾等经过简单处理即可大量使用的工业或建筑废弃物，经过多年的研究和实践，已经广泛使用于预拌混凝土的生产中。据统计数据，2019 年仅预拌混凝土生产，就综合利用各类固体废弃物约 4 亿吨。[②]

随着砂石材料的进一步紧张及环保治理要求进一步深入，固废物中存在的大量微小颗粒，如冶金尾矿、清淤底泥、工程渣土，也进入了资源化利用的研究范围内。由于微小颗粒容易附着重金属以及混有影响耐久性的大量微生物有机质，对这类固废物的资源化应用需要进行前期处理。

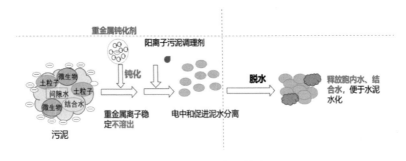

图 3-43　污泥处理技术
（图片来源于水土金谷环境科技有限公司）

对于底泥或尾矿中的污染物，需要通过固封技术对污染物或重金属进行钝化和固封处理。以污染河道中的淤泥底泥为例，第一步固封针对污泥中的重金属离子和难降解的有机物，使用适当的药剂，高效、快速地固封污泥中的污染物。第二步固封是在制作污泥再生混凝土的过程中,通过水泥水化反应形成强碱性高温环境,降解有机污染物;同时水泥凝胶通过层间置换和吸附的形式,再次固封重金属离子。

处理前									
编号	淤泥编号	砷(mg/L)	镉(mg/L)	铬(mg/L)	铜(mg/L)	镍(mg/L)	铅(mg/L)	锌(mg/L)	汞(mg/L)
1	河道淤泥1	0.354	未检出	未检出	未检出	未检出	未检出	未检出	未检出
2	河道淤泥2	0.423	未检出	未检出	未检出	0.028	0.084	未检出	未检出
处理后									
1	淤泥混凝土样品1	未检出	未检出	未检出	未检出	未检出	未检出	未检出	未检出
2	淤泥混凝土样品2	未检出	未检出	未检出	未检出	未检出	未检出	未检出	未检出

图 3-44　深圳坪山某河道淤泥资源化处置前后重金属检测的结果对比

（图片来源于作者）

报告编号：EP1907A148A

三、检测结果

表 3-1 污泥检测结果

送样样品类型		污泥		接样日期		2019/07/03	
序号	检测项目	检测结果				单位	
		溢达纺织印染污泥	南海绿色	紫金矿业矿粉	坪山河清淤底泥	单位	
1	氰化物	221	202	250	205	mg/kg	
2	氰化物	0.04L	0.04L	0.04L	0.04L	mg/kg	
3	总铅	16.8	12.0	27.1	13.3	mg/kg	
4	总铜	27	25	36	48	mg/kg	
5	总铬	50	57	39	64	mg/kg	
6	总锌	92.8	62.4	63.7	56.7	mg/kg	
7	总镉	0.12	0.18	0.11	0.07	mg/kg	
8	总镍	15	13	14	22	mg/kg	
9	总汞	0.302	0.218	0.219	0.318	mg/kg	
10	总砷	17.0	15.9	19.2	18.6	mg/kg	
备注	检测结果小于检出限或未检出时,以检出限并加标志位"L"表示。						

图 3-45　工业淤泥、河道清淤底泥以及尾矿资源化处置前后检测的结果对比(1)

（图片来源于作者）

表 3-2 污泥（浸出液）检测结果

送样样品类型		污泥		接样日期		2019/07/03
序号	检测项目	检测结果				单位
		溢达纺织印染污泥	南海绿色	紫金矿业矿粉	坪山河清淤底泥	
1	氟化物	7.21	0.41	7.47	6.71	mg/L
2	铅	0.03L	0.03L	0.03L	0.03L	mg/L
3	铜	0.11	0.04	0.01L	0.01	mg/L
4	铬	0.02L	0.02	0.02	0.02L	mg/L
5	锌	0.01L	0.01L	0.01L	0.01L	mg/L
6	镉	0.01L	0.01L	0.01L	0.01L	mg/L
7	镍	0.05	0.02L	0.02L	0.02L	mg/L
8	汞	0.00018	0.00008	0.00007	0.00006	mg/L
9	砷	0.007L	0.007L	0.007L	0.007L	mg/L
备注	检测结果小于检出限或未检出时，以检出限并标志位"L"表示。					

图 3-45　工业淤泥、河道清淤底泥以及尾矿资源化处置前后检测的结果对比（2）

经过无害化处理的固废物可以广泛用于制造透水砖、路沿石、挡土墙及生态护坡护岸砌块等。

图 3-46　尾矿及建筑渣土可以用于生产自密实混凝土

（图片来源于作者）

图 3-47　盾构渣土自密实混凝土扩展度检测

（图片来源于作者）

图 3-48　盾构渣土自密实混凝土浇筑而成的预制防浪块

（图片来源于作者）

☆ 另类废弃材料再利用案例：塑料变砖

☆ 材料：Recy-Block

☆ 设计师：Gert de Mulder

图 3-49　废弃塑料制砖成品

（图片来源互联网）

塑料是环境的最大挑战之一。根据生物多样性中心的数据，美国每年使用 1000 亿个塑料袋，其中只有 1‰ 是回收的，按照这个速度测算，到 2050 年，海洋中的塑料将比鱼类更多。受环境保护理念的启发，荷兰产品和工业设计师 Gert de Mulder 设计出一种方式：将废弃的聚乙烯袋转变为用于建筑的模块砖。她收集并清洁废弃的塑料袋，然后将它们放入模具中压缩加热，制成 60×30×10～15cm 的坚固"砖块",还可以保留袋子正面的彩色图案。当然,到了应用阶段,还需要解决成本、耐热性标准、光照下老化变形的问题,但预期它在不远的将来便可以作为轻质隔墙使用。

☆ 减少原材料使用的创新:可编程水泥

☆ 设计师:Rouzbeh Shahsavari

图 3-50　可编程水泥

(图片来源于互联网)

混凝土生产是温室气体排放的罪魁祸首之一,为了进一步改进混凝土材料,莱斯大学的研究人员将目光投向了纳米领域。他们研究水泥硅酸钙水合物(C-S-H)如何结晶,并用它来合成具有特定形状的 C-S-H 颗粒。研究人员可以将它们变为立方体、矩形、棱柱形、树突状、核壳和菱形,以减少它们的比表面积,从而在减少水泥用量的同时达到期望的强度。客户可以按照自己的预期来要求水泥颗粒的粒径和形状,研究团队能够通过调整原材料物质的浓度、温度和合成时间来实现目标数量、粒径和颗粒形状,并将形态图数据与客户互联共享,为客户研发混凝土提供数据基础。

Shahsavari 解释,其另一个优点是寿命更长,较低的孔隙率使其可以阻隔更多化学物质如氯离子的进入,因此钢筋内部不易受到破坏。

(二)创新建筑材料之二:创造新型建材和生产工艺

轻型功能混凝土是德国斯图加特大学 ILEK 中的一个项目,由巴登符腾堡州基金会支持,联合八家公司和研究机构一起推进。功能混凝土是模仿人体骨骼结构的概念。骨骼结构根据生长期间外部受力荷载情况,来优化其内部组织结构,达到即能受力最大的同时使用材料最少。功能混凝土就是在外部确定的建筑部件形状下,根据外部荷载的分析,通过优化内部结构来实现材料的优化使用和重量的减轻。这个过程在数字化的今天可以通过自动化生产设备大量精准复制,生产过程也能减少能耗并使用完全可回收的混凝土部件。这个概念在建筑行业中可能具有巨大的潜力,一种可能实现的方法,是不同种类混凝土混合物质连续覆盖并按照不同功能区分级浇筑,一部分高强混凝土可用来确保部件的承载能力,应用于高应力区域,另一种基本混凝土混合物或空腔用于非受力区域。

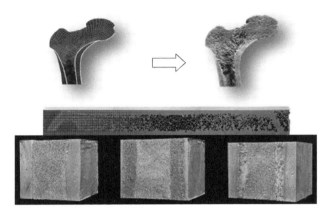

图 3-51　通过仿生学制造的功能混凝土

(图片来源于斯图加特大学轻制结构研究所)

该混凝土通过类似 3D 打印的自动工艺流程生产。

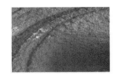　

连续混合物功能区一　　　　　连续混合物功能区二

图 3-52　自动功能混凝土生产浇筑系统

(图片来源于斯图加特大学轻制结构研究所)

图 3-53　混凝土空腔球自动生产设备
（图片来源于斯图加特大学轻制结构研究所）

自动化生产设备是实现分层功能混凝土批量、低成本生产的关键要素，整个过程需要顶层设计的数据化，即基于优化的构件设计、混凝土混合材料的选择、可变配合比、物流输送及最终有或没有模板的浇筑，这个数据化是全过程控制数据化的整体概念。

二、建筑体系创新

从长远发展的角度出发，人类必须在建筑体系方面进行创新，因为，全球建筑产业约消耗 60% 的资源和 35% 的能源，产生约 50% 的废弃物和 35% 的碳排放。由于人口快速增长，建筑数量还会进一步大量增加，而使情况更加严重。以下介绍的自适应建筑结构体系是解决问题的探索之一。

自适应体系探索的一个根本问题是，当我们的建筑为百年一遇或千年一遇的地震做准备时，是否需要生产最坚固的建筑？

建筑承重结构在设计时考虑的都是建筑荷载峰值，由于峰值比正常时期高很多，而且很少发生，所以建筑承重结构效率非常低，在中国有时甚至成为良心工程。而自适应的建筑结构，则是通过对突然增大的建筑荷载的吸收，提高建筑对外界变化的适应性。

通过对自适应建筑结构的研究和实施，可以大幅减轻建筑物的重量，减少使用的建筑材料，从而找到促进资源有效利用的方法，同时也能确保建筑整体材料的可回收性，最终有助于应对人类面临的挑战：过度消耗能源而导致的全球变暖。

自适应结构的主体是由传感器系统、执行装置系统和控制系统组成的智能结构系统。通过传感器感知的数据模型，控制系统可以通过执行装置改变每个建筑部件的刚度和/或长度对变化中的外部应力做出反应，通过这种理论对建筑结构静载和动载的主动影响来设计建筑的最小重量。

图 3-54 由传感器系统、执行系统及控制系统组成的自适应结构模型展示

(图片来源于斯图加特大学轻制结构研究所)

因为建筑结构的特殊性,即失败会带来灾难性的后果,所以必须研究出一套能够对结构行为进行预测并应用于系统的理论方法,这样就需要采用系统模型的方法为自适应结构体系进行建模和仿真,使得模型可用于观察、前馈和反馈控制设计。如图 3-56 建立实验室理论模拟实验,通过光学变形测量,积累系统状态的数据模型,开发这个系统也要严格遵守关键法规的安全约束,此外必须在保持适应性的同时,开发用于故障安全元件的容错方法及技术。

该项目同时开发出各种技术的实施和系统集成,不仅建筑物所需建材减少及其代表的机械、热性能减少,建筑也变成一个动态系统,与环境之间动态地相互作用。自适应建筑整体采用了新设计,通过系统动力学方面的研究,引入能量补偿方式,将结构中动载及静载引发的应力均匀化,这样可以提高用户使用舒适度,也能避免建筑物的峰值负载,同时减少建筑质量,从而降低建筑材料消耗。经过数年的基础建模研究,该项目首次被政府批准建立两栋高 40m、底面 5m×5m 的实验楼,于 2019 年开工,预计 2020 年年底完工。如图 3-57 所示,其中一栋是使用自适应的智能结构建筑,另一栋作为测试和演示,用于完善理论数据模型。

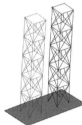 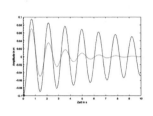

图 3-55 实验室 2m×30cm×30cm 底面积建筑系统模拟
（图片来源于斯图加特大学轻制结构研究所）

图 3-56 智能结构楼和实验测试及演示楼
（图片来源于斯图加特大学轻制结构研究所）

　　除承重结构外，建筑围护结构与建筑物理特性也密切相关，这些特性对于风、湿度、太阳辐射和声学等建筑影响因素至关重要。自适应建筑体系也开发和用户互动的外部体系，如图 3-58 可得到能量补偿的带阻尼系统的玻璃幕墙，以及图 3-59 根据阳光的变化,可调整像素的玻璃,这样夏天暴晒时可以自动减少阳光通过,冬天则自动增加阳光的通过,来满足建筑加热、冷却等方面的能源需求,影响室内舒适性,创造最佳的室内气候。

　　自适应建筑同时可以使用不同材料(例如纺织品、玻璃、塑料)开发的部件和系统,这些材料通过化学或物理修改或操纵(自动或控制),使建筑围护结构能够适应外部变化条件,可以影响光传输、温度平衡以及通风、声学和颜色的特性,以优化内部气候和能量平衡,并匹配使用要求。

图 3-57　可得到能量补偿的玻璃幕墙

(图片来源于斯图加特大学研究室)

图 3-58　可根据阳光调节进光量的玻璃

(图片来源于斯图加特大学研究室)

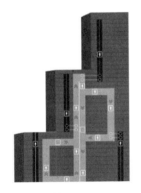

图 3-59　自适应体系无绳阻尼电梯

(图片来源于斯图加特大学研究室)

　　目标是自适应建筑体系的结构能够使用更少的建材,质量降低 60%,得房率增加 20%,使用无绳阻尼电梯,提高电梯的使用效率。

　　建筑理论模型和系统性进化是一个漫长的过程,经过 16 年、多所大学及研究院的共同努力,自适应建筑体系的研究逐渐深入,相信在 21 世纪人类的建筑中能够产生广泛的应用,给人类可持续发展事业带来巨大的支持。

三、生产方式创新

(一)建筑机器人

利用现代科技提升建筑设计及施工效率的另外一条路径是使用建筑机器人,主要集中在两种方式:一种是提高传统建筑效率,即利用目前工业化领域已有机器人技术成果应用于传统建筑设计和施工,替代或减轻目前建筑施工中 3Ds 工作(3Ds 指 Dull,繁重重复性工作;Dangerous,危险工作;Dirty,脏乱差工作);另一种方式是创造新营造方法,这种新营造方法可以是使用更复杂的模具制作构件,或利用更复合的材料创造新的建筑几何形状,也可以是将工业流程和材料融入操作更加透明的建筑流程,让建筑师在更加可控的环节中进行设计,将心中更加复杂的创意通过数字技术转移到物理世界,如 3D 打印模具,智造更复杂外立面形状的构件,或 3D 打印整个房屋。

关于第一种模式,目前建筑领域的 3Ds 工作有砌墙、墙面施工、清拆、清运垃圾、现场钻孔及建筑施工细节图的绘制。在这些领域,人们需要结合两方面的工具模拟改进人类已有的工作场景,一方面是测量分析工具,如激光扫描定位测距、有限元分析、传感器等触觉反馈及语言编写工具等,另一方面是机器人硬件,如工具自动移动、自动喷涂、自动挤压成型、自动摆放、自动激光追踪及其他自动工具。这些工具大都已经在航天、航空、汽车等工业智造领域广泛应用,仅需要模拟建筑业现有工作流程,从建筑师角度进行自动化流程再造,使建筑在变得更加有表现力的同时,能够更加经济。

图 3-60　搬砖机器人
(图片来源于互联网)

减轻繁重重复性工作的建筑机器人,典型的代表有砌墙机器人和墙/地面施工机器人。

1994 年,世界上诞生了第一台建筑机器人——砌墙机器人 Rocco,由德国卡尔斯鲁厄理工学院(KIT)研发。1996 年,斯图加特大学研发了混凝土施工机器人

Bronco。它们的结构都采用移动平台＋传输系统＋机械手的框架技术,这些技术进一步催生了这一领域商业运营的一些典型机型,如美国建筑机器人公司的Sam100,通过人机互动,将砌墙效率提高3～5倍,减少80％的工人抓举作业工作,后经苏黎世理工大学(ETH)更智能化的改进,增加了3D智能化自主导航,可以在存在障碍物的环境中自主工作,达到人工20倍的效率。

墙/地面施工机器人领域的典型代表为2014年新加坡未来城市实验室联合苏黎世理工大学开发的MRT贴砖机器人,由移动机器人平台和机器手组成,机器手末端配有吸盘抓取装置和砂浆喷口,配合位置传感器和智能控制算法,保证高效实现瓷砖铺设精度。2011年,河北工业大学和河北建工研制的C-Robot-1板材安装机器人,由搬运机器手、可升降移动平台和板材安装机械手组成,通过各种传感器及激光测距仪的测量和控制,保证最大两吨以内的板材精确安装。

图3-61　贴砖机器人

(图片来源于互联网)

减少危险方面的施工机器人代表为钻孔机器人和墙体粉刷清理机器人,典型机型为瑞典nLink公司于2015年推出的MDR钻孔机器人,通过移动升降平台＋机械手,可以和CAD/BIM水电施工图数据配合,自动完成打孔作业,或通过人工操作,使用传统图纸,以人机互动形式完成打孔工作;2014年韩国机械与材料研究所(KIMM)开发的WallBot,可以吸附在墙面上运动,完成墙面粉刷、平整清洁等作业。

替代脏乱工作的机器人代表为清拆机器人,可以减轻现有清拆环境中粉尘、噪音及生命安全的风险。清拆机器人是一种改变原有使用人工进行建筑物拆除的设备,如瑞典Husqvarna的DXR-301遥控清拆机器人,无人化改造后体积更加紧凑,对现场适应性更强;另一种形式为清拆分离回收的机器人系统,如瑞典Umea大学提出的ERO机器人,由机器人移动本体和机器手组成,机器手前端配备高压射流喷射装置破碎墙体,同时配备清晰的物料回收物流方向,其中破碎的混凝土先同钢筋剥离,然后打包回收,水进行循环再利用,钢筋也重新再利用。

以上的建筑机器人只是建筑业的另外一种工具,即对传统建筑业现实世界的模拟工具。机器人在传统领域替代人工的同时,也在新科技和新信息化技术的帮助下,给予建筑师越来越多的控制能力。通过和智能制造领域专家的合作,新的营造方式必然会展现出来,包括由新的机器人绘制更复杂的工程图纸,3D打印部件或者整座建筑物。

（二）3D 打印

3D 打印技术的基本原理和普通 3D 打印机的原理一样，将材料挤出设备，在指定位置上逐层堆砌。只是在建筑领域，可以是用高密度、高性能混凝土打印建筑结构，也可以是用钢筋粉末或塑料粉末打印钢筋网片或模具。典型的 3D 建筑打印机采用了 20 世纪 90 年代由南加州大学提出的轮廓工艺 CC 打印技术，整个 CC 打印机放在大型龙门吊车上，通过轨道打印 X 轴、Y 轴，并通过伸缩臂打印 Z 轴方向。它可以直接打印外墙和地面等混凝土结构，配合其他抓取及安装设备，可以安装水、气、电、暖等管路，仅需人工安装窗户、门和内饰，240 平方米的房屋在 20 小时内可以完成。3D 打印能够突破建筑物构造的外形局限，形状不再受直线的束缚，可以自由打印各种曲线异形构件来提升空间的利用率和美观度。

由于 CC 整体打印技术受建筑尺寸的限制，西班牙加泰罗尼亚先进建筑研究所（IAAC）提出整体分拆、局部打印方案 MiniBuilders，包括三套打印机器人——分别是地基、墙体和墙面打印机器人，通过主控计算机协同作业，将低智能、高效率的机器人链接成体系，由地基机器人先进行地基打印后，再由墙体机器人进行墙体打印，然后由墙面机器人附于墙面进行平整作业。理论上，MiniBuilders 体系可以打印任何尺寸的建筑物。

四、未来软件技术方面创新

（一）整体建筑的云平台

业主在启动建筑项目时，需要总览及监管项目资金来源、进度等情况，项目推进过程中需要与众多利益相关方合作，如建筑师、总承包商、专业承包商和工程师等。只有在各方努力目标一致并计划全部实现预期时，项目才能保质保量完工。过程中，业主承担着巨大风险，尤其是多个项目同时运转的业主，因为影响项目整体效率的因素很多。

1. 影响项目整体效率的主要因素

（1）数据系统未集成联通。目前，针对同一项目的不同工作环节，会产生几种不同的系统数据，来源于不同的系统，每个系统都擅长自己负责的工作，但无法确保每个项目参与方的工作全都协调一致。数据由不同团队保存在各自独立的系统中，因此数据传输过程中会产生误解或费时费工现象。

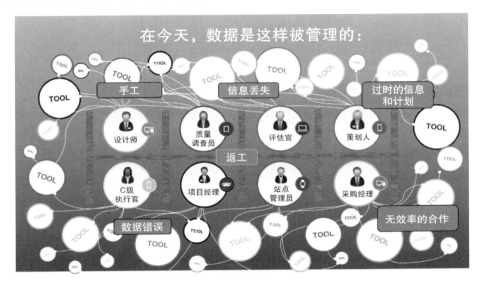

图 3-62　当前项目数据的存放和协同

（图片来源于 RIB 公司）

（2）低效的内外部协同。低效的内外部协同常常导致项目延期、预算超支或赶工质量问题,尤其在当下人工高启的时代,高效协同产生的价值比以往任何时候都多,因为只有高效协同项目,才能完工更快,质量更高,管理成本更少,利润更为丰厚。这方面对于大公司来说挑战更大,因为公司需要不断推动不同地域的众多分支机构、项目团队及合作伙伴之间更加透明的沟通。

（3）数据孤岛产生大量人工浪费。数据是最有价值的资源,但散布在组织中的文件往往过多,产生的数据也往往过多。根据 FMI 白皮书,工程及建筑（E&C）行业目前所有数据中有 96％未被使用,90％的数据是非结构化的,工作时间中有 13％用于查找项目数据和信息,这意味着大量的人工劳动浪费,也最终影响利润水平。毫无疑问,结构化数据将成为任何成功走向未来的公司的关键资产之一。

（4）软件平台构建的落地实施时间长。业主面临的最大挑战之一是构建软件平台的落地实施时间太长,可能要经过数月甚至数年,一个平台系统才能正常运行。实施数字平台施工系统可能会给许多业主带来挑战和系统部署过程中的挫败感,这不仅仅是由于部署时间长,还是由于系统实施初期的难度带来的间接费用。

2.具有远见的业主需要在项目上节约时间

基于云的建筑及施工管理软件集成解决方案,可以帮助管理建筑全生命周期、协同相关方和数据。业主可以实时访问最新的项目数据,有效地管理利益相关方,并最终管理项目全生命周期的过程,最大程度提高项目效率。

整体项目云平台让所有利益相关方在建筑构建过程的全部环节都进行高效协作。当所有人员、流程和数据放在一个地方时,业主就可以简化项目工作流程,促进沟通的有效性,并在建筑过程的每一个环节都最大限度地提高生产力。

图 3-63　MTWO 平台内容

(图片来源于 RIB 公司)

（1）使用开放式 API 项目生命周期的管理平台。使用开放式 API 建筑项目生命周期的管理平台是一个完整的建筑云平台,各种其他软件都可以整合进入。建筑整个生命周期都可以在 BIM 5D 中进行虚拟仿真,为真实建筑及有效设施管理奠定基础。一个项目的所有阶段都与单一事实数据来源互相关联。

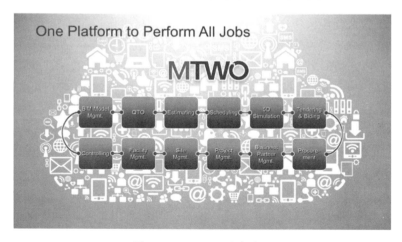

图 3-64　MTWO 平台流程

(图片来源于 RIB 公司)

在施工的最初阶段,所有利益相关方已经开始深度合作:精准研讨设计方案,预测成本和进度计划,为项目选择最佳执行方案。项目模拟为决策过程提供可靠的基础,并有助于避免在项目某阶段遇到风险和返工,也避免产生相关成本。

在施工阶段,甘特图便于比较各种进度时间表,各种现场报告也被上传至同一平台,所有相关团队都可以审核或下载。MTWO 桌面和移动应用程序可提供用户友好的界面,用于记录进度和缺陷问题,并随时随地进行更新。

借助 MTWO 移动应用程序,工地团队可以访问最新的项目信息,在现场捕获数据,跟踪分配的任务并填写进度报告,过程不会被电子邮件等传统工具拖延。移动应用程序数据输入后,MTWO 平台上的数据会立即自动更新,平台使用者始终可以用最新数据进行工作。

在运营阶段,MTWO 将 5D BIM 扩展到建筑机电设施管理领域,数据库中的主数据可以永久转化为安全管理物业、建筑物和设施的数据基础。

(2) 链接内外部所有团队的云平台。云平台不仅是存储数据的地方,也是团队完成工作的地方。

所有内部团队都在同一个云平台上进行协作,任何人都能从任何设备访问已相互关联的数据页面,项目团队可以实时更新项目数据,每个团队的数据都可以供其他团队进行安全访问,这样的协作,可以帮助生产力快速提高。

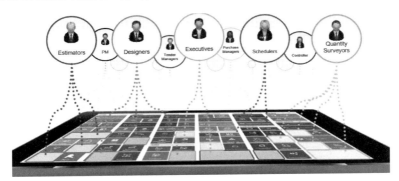

图 3-65　内部团队在同一平台上进行协作

(图片来源于 RIB 公司)

业主可以在同一个系统中连接其总包商、专业承包商和供应商。各业务合作伙伴可以实时访问项目数据,也可以从他们的角度更新数据。所有团队在同一个界面上工作,可节约大量时间。

MTWO 也可以进行业务合作伙伴的管理,跟踪项目合同及每个业务合作伙伴的执行绩效,并定制评估标准,创建合作伙伴评估报告,供将来的项目参考。

(3) 具有 BI 和 AI 能力的单一真实数据来源

当云平台管理的所有项目数据都汇集在一起时,业主就可以更直观地利用过去的数据成果,建立更好的未来工作流程。平台可以生成交互式表格界面,为团队提供所有实时和结构化信息,以便其全面了解各项目在工程量、成本、进度和安全等方面的绩效,简单点击就可以快速找到项目整体和细节的信息,充分了解实时信息,可以提高团队做出各项决策的准确性。

(二) 人工智能(AI)

人工智能有两种基本形式,可将其视为彼此构建的两种学习算法。据维基百科描述如下。

1. 机器学习

机器学习是对计算机算法的研究,这些算法会根据经验自动提高。它被视为人工智能的子集。机器学习算法基于样本数据(称为"训练数据")建立数学模型,以便进行预测或决策,而无须另外编程。机器学习算法可用于各种应用程序,如电子邮件过滤和计算机视觉,但在这些应用程序中,很难或不太可能开发常规算法来执行所需的任务。

机器学习与计算统计紧密相关,计算统计侧重于使用计算机进行预测。数学优化研究为机器学习领域提供了方法、理论和应用领域。数据挖掘是一个相关的研究领域,专注于通过无监督学习进行探索性数据分析。在跨业务问题的应用中,机器学习也称为预测分析。

2. 深度学习

深度学习是另一类机器学习算法,原始数据输入使用多层链接,逐步提取演进到更高级别功能的方法。如图像处理中,低层可识别边缘,高层可识别与人相关的概念,如数字、字母或面部。大多数现代深度学习模型都基于人工神经网络(ANN)。

在深度学习中,每个级别都要学习将其输入的数据转换为稍微抽象和更加复合的表示形式。如图像识别应用程序中,原始输入可以是像素矩阵:第一层可以提取像素并编码边缘;第二层可以组合并编码图像边缘的布局;第三层可以编码鼻子和眼睛;第四层可以识别出图像包含面部。重要的是,深度学习过程可以自行学习将哪些功能最佳地放置在哪个层级上。

（三）大数据和人工智能 AI

1. 建筑业应用案例

机器学习可以作为人类的智能助手来处理海量数据，并可以提醒项目经理需要关注的项目关键事项。

在 5D BIM 模型的模拟碰撞检测中，AI 方法可以帮助分析碰撞，从而生成关于建筑布局几何形状的替代方案，并对建筑构件工件进行现场安装排序。

与语音识别互相结合的聊天机器人可以访问项目的中央数据库，用于索赔分包商的管理，或电话连接到正确的业务伙伴，甚至可以通过访问所需人员的数字日历来计划安排会议日程，自动生成工程缺陷位置并在工程图中标记，跟进分包商的交货或施工截止日期等。

带预测分析功能的头盔或安全带可用于施工工地的安全管控，这些智能设备可以在分析出风险提高时发出警报，另外也可以将结果与导致风险的历史事故数据进行比对。

麦肯锡（McKinsey）在 2017 年的一份报告中指出，建筑业通过实时数据分析可将生产率提高 50%。高质量的工程师和项目经理在全球范围内都是稀缺资源，应利用"机器人"的多种支持来使他们更专注于其核心任务，因为算法还不能从事很多人类的任务，如监管和优化工人及物料的流动，并通过与历史经验比对，来优化现场组织结构和工人的适应性。

由于 BIM 模型还可以存储 FM 数据，因此可以用来预测、追踪和避免设计中的错误。

2. 区块链技术

区块链可以认为是参与各方去中心化的交易协议，可安全、透明地存储数据更改和错误。由于信息分布在多台计算机上，因此数据记录不属于任何人、公司或机构，且每个人都有相同的访问权限。理论上只有在攻击者拥有超过 50% 的网络所有权时，才能操纵区块链，而随着网络的发展，这种可能性变得越来越小。

对于建筑施工管理而言，区块链的特性可以应用于识别 BIM 模型、进度表、信息交换、利益相关方协同沟通中的任何更改。

随着这些新技术的发展，我们有理由相信，在不远的将来，通过建筑师和智能制造 AI 专家合作，通过推进改造现有的建筑标准，改进所有不适合智能智造的设计内容，并且确立标准，制定早期就引入设计＋智造专家参与合作的模式。比如外立面装修及保温系统的标准制定，建筑师就可以和智造业更好地融合。通过这样的合作，会催生更多可能的建筑复合材料和建筑形状，未来甚至可以想象普及适合植物生长的建筑表面，实现建筑与自然更加融合的理想未来。